注塑模具设计

主　编　黄晓明　田书竹
副主编　田　晶　张鉴隆

北京理工大学出版社
BEIJING INSTITUTE OF TECHNOLOGY PRESS

内 容 简 介

本书是广东岭南职业技术学院教材改革项目之一。全书采用基于工作过程的教学模式,参照企业的注塑模具设计工作过程完成全套注塑模具的设计。本书结合注塑模具的理论知识、设计方法与软件应用技能,由浅入深,系统地介绍了注塑模具设计技术及应用,有效指导学生完成整套的注塑模具结构设计。本书对于每一个学习任务,既简明扼要地介绍模具理论知识,也按照企业模具设计工作过程配以详尽、准确的操作步骤,使读者能快速理解并掌握注塑模具设计理论、方法与技能。

本书适用于应用类本科和高职院校,是模具设计与制造、数控技术、工业设计、材料成型等专业的模具设计基础课程的教材,同时也可作为模具设计师(注塑)的职业资格认证考前辅导教材,还可以作为技术人员自学 Siemens NX 注塑模具设计技术及其应用的指导书。

图书在版编目(CIP)数据

注塑模具设计 / 黄晓明,田书竹主编. -- 北京:
北京理工大学出版社,2023.7
ISBN 978 - 7 - 5763 - 2685 - 7

Ⅰ. ①注… Ⅱ. ①黄… ②田… Ⅲ. ①注塑 – 塑料模具 – 设计 Ⅳ. ①TQ320.66

中国国家版本馆 CIP 数据核字(2023)第 144417 号

责任编辑:多海鹏　　**文案编辑:**多海鹏
责任校对:周瑞红　　**责任印制:**李志强

出版发行 / 北京理工大学出版社有限责任公司
社　　址 / 北京市丰台区四合庄路 6 号
邮　　编 / 100070
电　　话 / (010) 68914026 (教材售后服务热线)
　　　　　　 (010) 68944437 (课件资源服务热线)
网　　址 / http://www.bitpress.com.cn

版 印 次 / 2023 年 7 月第 1 版第 1 次印刷
印　　刷 / 三河市天利华印刷装订有限公司
开　　本 / 787 mm × 1092 mm　1/16
印　　张 / 17.5
彩　　插 / 1
字　　数 / 407 千字
定　　价 / 85.00 元

前　言

　　模具工业是制造业的基础产业，是高新技术产业的重要组成的部分。世界新一轮的产业调整使得模具工业向发展中国家转移，中国模具工业经过多年的发展，已打下坚实的基础，取得了巨大的成就，中国已成为模具大国。目前中国正面临由模具大国向模具强国的转变，中国需要培养大量高素质的技术、技能型模具人才来顺应这一转变。

　　本书是按照企业注塑模具设计工作过程进行编撰的，旨在训练学生依照企业实际的设计过程进行学习，在完成项目的过程中掌握理论知识、设计方法与操作技能，提高学生解决注塑模具与成型工艺实际问题的能力。

　　本书是广东岭南职业技术学院综合教改项目系列教材建设成果之一，以 Siemens NX 软件为平台，讲述注塑模具设计的整个工艺过程。根据注塑模具设计过程的技术技能要求，按照企业模具设计工作过程，重点突出注塑模具设计技术和利用 NX 注塑模向导进行模具设计的技能训练。

　　本书包括两个模块，模块 1　导言，介绍了课程性质、任务目标及组织形式。模块 2 任务，包括任务 1　了解注塑造成型工艺、任务 2　将塑件从模具中取出来、任务 3　手工进行分模设计、任务 4　应用自动分模技术、任务 5　面板注塑造模具设计、任务 6　盖板注塑模具设计。本书由广东岭南职业技术学院黄晓明、田书竹任主编，田晶、张鉴隆任副主编。

　　由于水平有限，书中难免存在疏漏与不足，恳请广大读者批评指正。

编　者

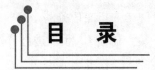

目 录

模块 1 导言

模块 2 任务

目
录

模块 1

导 言

课程性质

"注塑模具设计"是一门基于工作过程开发的学习领域课程，是模具设计与制造专业的核心课程。

适用专业：模具设计与制造、数控技术、工业设计、材料成型及控制技术等。

开设时间：第二学年、第三学期/第四学期。

建议课时：96 学时。

典型任务描述

注塑模具设计是模具加工制造的重要环节，设计师按照产品外观、结构功能以及客户的技术要求，制定模具设计方案，实施模具结构设计，在设计全过程中进行质量检查，并在规定的工期内完成符合公司有关质量验收标准的设计任务，同时在整个设计过程中必须严格按照规定进行。

课程任务目标

通过本课程的学习，应该能够：

1）了解注塑成型工艺；

2）制定符合客户要求的模具设计方案；

3）独立完成模具结构设计；

4）处理设计过程中出现的问题；

5）掌握模具各组成部分的设计标准。

学习组织形式与方法

1）主动学习；

2）把握好学习过程和学习资源；

3）团队协作，分组学习；

4）任务引导及提问式学习。

任务引入设计

序号	学习任务	学习任务简介	学时
1	了解注塑成型工艺	通过设计一个塑件制品，了解注塑成型工艺	8
2	将塑件从模具中取出来	通过注塑成型原理，掌握从模具中取出塑件的方法	8
3	手工进行分模设计	通过分模设计原理，掌握手工分模设计方法	12
4	应用自动分模技术	通过注塑模向导，掌握自动分模设计方法	8
5	面板注塑模具设计	通过注塑模具向导，完成一模一腔模具设计	30
6	盖板注塑模具设计	通过注塑模具向导，完成一模两腔模具设计	30

学业评价

学号	姓名	任务1	任务2	任务3	任务4	任务5	任务6	总评 (100%)
		分值 (10%)	分值 (10%)	分值 (10%)	分值 (10%)	分值 (30%)	分值 (30%)	

模块 2

任 务

任务 1　了解注塑成型工艺

任务引入

设计一款围棋产品，并为其选择合适的制造工艺。

任务目标

知识目标

1）掌握客户的要求，了解产品的功能和使用方向；

2）了解产品材料的特点，以及材料选择标准；

3）了解产品的制造工艺。

技能目标

1）能够根据客户要求进行产品设计；

2）能够分析产品特点，选择合适的制造工艺；

3）能够根据制造工艺要求，进行工艺尺寸计算。

素养目标

1）专注模具技术研究，精益求精；

2）培养学生对产品质量和经济性选择的意识。

任务描述

某初创企业接到了一个外贸单，要求生产 10 000 套围棋，每套围棋含有黑子 180 只、白子 180 只。这批围棋的目标客户为普通家庭亲子产品，要求物美价廉、使用安全。围棋的典型应用场景如图 1-1 所示。

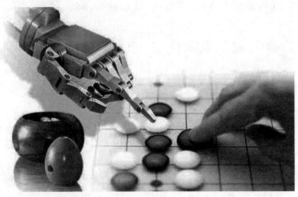

图 1-1　围棋的典型应用场景

作为企业的工程师，请根据客户对产品的要求，完成以下任务：

1）设计一款围棋棋子产品；

2）选择合适的制造工艺；

3）选择合适的材料；

4）进行工艺尺寸计算。

任务计划

任务计划见表1-1。

表1-1　任务计划

ID	姓名	学号	自我评价	组长评价	小组自评	教师总评
组长						
组员1						
组员2						
组员3						
组员4						

___班 第_____小组

任务实施

引导问题1：根据客户对产品的描述，参考市场上已有的产品，完成围棋模型的优化设计。

引导问题2：产品需要绘制二维工程图。围棋产品选择的图纸规格是_____。

> **提示**：
>
> 1）图纸基本幅面尺寸的代号是A4、A3、A2、A1、A0。
>
> 2）常用的A4图纸大小：长210 mm，宽297 mm。两张A4图纸并排为A3图纸，两张A3图纸并排为A2图纸，依次类推。
>
> 3）在NX软件中进入制图模块，单击"创建图纸页"命令，在"使用模板"的列表中选择合适的图纸代号。
>
> 4）单击"图层"命令，在"图层设置"中勾选图层"170"和"173"，将图框与标题栏显示出来。

引导问题3：用一组必要的视图与适当的表达方法来表达围棋的形状结构，并标注制造围棋所需的全部尺寸。

> **提示**：
>
> 1）所采用的零件图应用尽量少的视图来完整、清晰地表达零件的内、外结构形状。
>
> 2）标注尺寸时，尽量不要出现线段之间、线段与数字之间有相交的情况。

引导问题4：请填写围棋零件图的标题栏。

> **提示**：
>
> 1）名称：围棋。

2）材料：待定。

3）数量：1。

4）比例：按视图实际比例填写，格式如1:2、1:1、2:1。

5）公司名称：×××××。

6）设计人员、制图人员：均为本人。

7）审核人员：任课教师。

引导问题5：为围棋选择的材料是：_____。

提示：

1）从物理化学属性来分，材料可分为金属材料、无机非金属材料和高分子材料。

2）典型金属材料：金、银、铜、铁，如图1-2所示。

（a）　　　　　　　（b）　　　　　　　（c）　　　　　　　（d）

图1-2　典型金属材料

（a）金；（b）银；（c）铜；（d）铁

3）典型无机非金属材料：陶瓷、水泥、石灰、石膏，如图1-3所示。

（a）　　　　　　　（b）　　　　　　　（c）　　　　　　　（d）

图1-3　典型无机非金属材料

（a）陶瓷；（b）水泥；（c）石灰；（d）石膏

4）高分子材料：如图1-4~图1-8所示。

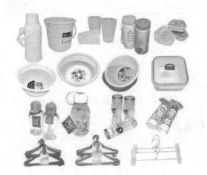

图1-4　塑料　　　　　　　　　图1-5　涂料（油漆）

图 1 – 6 橡胶   图 1 – 7 合成纤维   图 1 – 8 黏合剂（胶）

引导问题 6：围棋选择的制造方法是_____。

提示：

1）机械加工：通过铣床、车床、钻床和锯床等机械设备去除材料的加工工艺，如图 1 – 9 ~ 图 1 – 11 所示。

图 1 – 9 铣床   图 1 – 10 车床   图 1 – 11 钻床

2）模具：利用其特定形状去成型具有一定形状和尺寸的产品的工具，如压铸模具、注塑模具和冲压模具等，如图 1 – 12 ~ 图 1 – 14 所示。

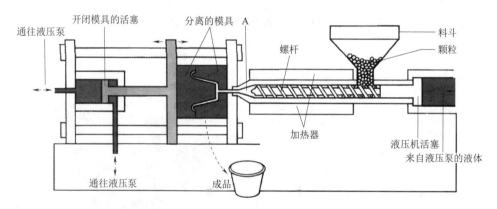

图 1 – 12 注塑模具工艺

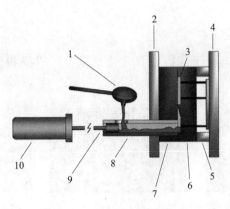

图 1 – 13　金属压铸模具工艺

1—给汤勺；2—静模板；3—型腔；4—动模板；5—顶杆框；6—动模；

7—静模；8—压室；9—冲头；10—液压缸

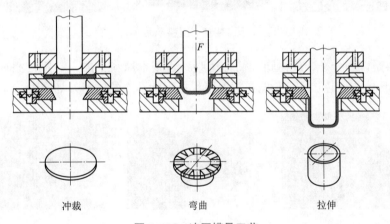

冲裁　　　　　　　弯曲　　　　　　　拉伸

图 1 – 14　冲压模具工艺

引导问题 7：列出用过的 5 种塑料制品：

1）＿＿＿＿＿＿；

2）＿＿＿＿＿＿；

3）＿＿＿＿＿＿；

4）＿＿＿＿＿＿；

5）＿＿＿＿＿＿。

引导问题 8：塑料制品的优点：

1）＿＿＿＿＿＿＿＿＿＿；

2）＿＿＿＿＿＿＿＿＿＿；

3）＿＿＿＿＿＿＿＿＿＿。

引导问题 9：塑料制品的缺点：

1）＿＿＿＿＿＿＿＿＿＿；

2）＿＿＿＿＿＿＿＿＿＿；

3）＿＿＿＿＿＿＿＿＿＿。

1）塑料产品已广泛应用于我们的日常生活中，可以说我们已经被塑料包围了，如图 1 - 15 所示。

图 1 - 15　塑料产品

2）塑料是以高分子合成树脂（简称树脂）为基本原料，加入一定量添加剂，在一定温度和压力下制成一定形状，并能在常温下保持形状不变的材料，如图 1 - 16 所示。

图 1 - 16　塑料颗粒

3）常用塑料：聚乙烯 PE、聚丙烯 PP、聚氯乙烯 PVC、聚苯乙烯 PS、丙烯腈 - 丁二烯 - 苯乙烯塑料 ABS。

4）根据理化特性，可以把塑料分为热固性塑料和热塑性塑料两种。热塑性塑料指加热后会熔化，可流动至模具冷却后成型，再加热后又会熔化的塑料。热固性塑料是指在受热或其他条件下能固化或具有不溶（熔）特性的塑料。

引导问题 10：塑料在成型过程中状态的变化：_____ → _____ → _____（参考选项：固体、液体）。

1）注塑成型是把塑料原料（一般是经过造粒、染色、加入添加剂等处理后的颗粒料）放入料筒中，经过加热塑化，使之成为高黏度的流体，用柱塞或螺杆作为加压工具，使流体通过喷嘴以较高的压力注入模具的型腔中，经过冷却、凝固阶段，然后从模具脱出，成为塑料产品，如图 1 - 17 所示。

2）注塑机的工作原理与打针用的注射器相似，它是借助螺杆（或柱塞）的推力，将已塑化好的熔融状态（即粘流态）的塑料注射入闭合好的模腔内，经固化定型后取得产品的工艺过程，如图 1 – 18 所示。

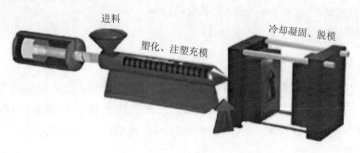

图 1 – 17　注塑原理示意图

图 1 – 18　注塑机

引导问题 11：塑料在成型过程中，经历了温度的变化过程。当温度升高时，塑料的体积_____；当温度降低时，塑料的体积_____。（参考选项：增大、缩小。）

提示：

1）物体受热时会膨胀，遇冷时会收缩。当温度上升时，粒子的振动幅度加大，令物体膨胀；但当温度下降时，粒子的振动幅度便会减小，使物体收缩，如图 1 – 19 所示。

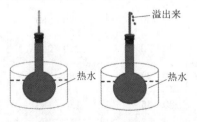

图 1 – 19　热胀冷缩图示

2）热胀冷缩的现象在生活中的应用：踩瘪的乒乓球在热水中一烫就恢复原状；夏季

自行车胎不能打太足的气；路面每隔一段距离都有空隙留着。

引导问题 12：假设注塑成型一个 $\phi100$ mm 的球体，则选择的模具尺寸应 _____ $\phi100$ mm。（参考选项：等于、大于、小于。）

提示：

1）塑料的特性是在加热后膨胀，冷却后收缩，当然加压以后体积也将缩小。

2）塑料自模具中取出冷却到室温后，发生尺寸收缩的特性称为收缩性。由于这种收缩不仅是由树脂本身的热胀冷缩造成的，而且还与各种成型因素有关，因此成型后塑件的收缩称为成型收缩。

3）塑件从模具中取出到稳定这一段时间内，尺寸仍会出现微小的变化。一种变化是继续收缩，此收缩称为后收缩；另一种变化是某些吸湿性塑料因吸湿而出现膨胀，例如尼龙 610 含水量为 3% 时，尺寸增加量为 2%。

引导问题 13：在模具设计中，一般使用公式 $D = MS$ 计算模具尺寸，其中 D 为模具尺寸，M 为塑件尺寸，S 为收缩率。例如，当塑件尺寸 M 为 100 mm、收缩率 S 为 1.008 时，模具尺寸 D 为 _____。

提示：

1）在确定收缩率时，由于实际收缩率要受众多因素的影响，因此只能使用近似值，如表 1-2 所示。

2）难以精确确定收缩率的主要原因。

①因为各种塑料的收缩率不是一个定值，而是一个范围。

②因为不同工厂生产的同种材料的收缩率不相同，即使是一个工厂生产的不同批号同种材料的收缩率也不一样。

③实际收缩率还受到塑件形状、模具结构和成型条件等因素的影响。

表 1-2　塑料材料常用参数

名称	烘料温度/℃	适当模温/℃	可塑化料温/℃	密度/（g·cm⁻²）	收缩率/%
PP	70～90	20～50	200～300	0.90	0.8～2.0
PS	70～80	20～70	180～260	1.05	0.4
ABS	80～100	40～80	180～260	1.05	0.6
AS	80～100	40～70	210～260	1.07	0.4
PMMA	80～90	50～90	180～250	1.19	0.4
EVA	40～60	20～55	130～150	0.93	0.5～1.5
POM	80～120	40～120	185～230	1.40	1.9～2.3
PA	100～110	70～120	260～290	1.04	0.4～2.2

续表

名称	烘料温度/℃	适当模温/℃	可塑化料温/℃	密度/（g·cm^{-2}）	收缩率/%
PC	100~115	80~100	270~310	1.20	0.6
PBT	90~100	60~90	230~260	1.30	1.7
PSU	110~130	120~160	320~360	1.25	0.7
PPS	130~150	120~160	290~330	1.35	1.1
ABS/PC	80~100	60~90	240~270	1.18	0.6

引导问题14：根据围棋产品的客户要求，围棋产品选择塑料ABS。塑料ABS的收缩率为1.005，请计算围棋产品的相关尺寸：

（1）产品尺寸1：_____，对应的模具尺寸：_____。

（2）产品尺寸2：_____，对应的模具尺寸：_____。

（3）产品尺寸3：_____，对应的模具尺寸：_____。

（4）产品尺寸4：_____，对应的模具尺寸：_____。

提示：

1）ABS塑料是丙烯腈（A）、丁二烯（B）、苯乙烯（S）三种单体的三元共聚物，其外观为不透明且呈象牙色的粒料，无毒、无味、吸水率低，其产品可着成各种颜色，并具有90%的高光泽度，如图1-20所示。

图1-20 塑胶材料

2）ABS塑料被广泛应用于汽车、电子电气、办公和通信设备等领域。

3）ABS塑料性能：综合性能较好，冲击强度较高，化学稳定性、电性能良好，可表面镀铬、喷漆处理，适于制作一般机械零件、减磨耐磨零件、传动零件等。

引导问题16：将产品模型按模具尺寸进行转换，为后续的模具设计做好准备。

提示：

1）在NX软件中，单击"缩放体"（菜单→插入→偏置/缩放→缩放体）命令。

2）在"比例因子"中输入塑料 ABS 的收缩率 1.005。

学习反馈

1）是否完成了产品的零件图？ □ 是 □ 否
2）是否了解注塑模具的用途？ □ 是 □ 否
3）是否理解塑料的收缩特性？ □ 是 □ 否
4）是否会使用公式 $D = MS$ 计算模具尺寸？ □ 是 □ 否
5）是否能够陈述注塑成型过程？ □ 是 □ 否

任务 2　将塑件从模具中取出来

🔷 任务引入

分析产品的结构工艺性，对产品进行分模设计。

🔷 任务目标

知识目标

1）掌握产品体积和重量的计算；

2）掌握产品壁厚的设计标准；

3）掌握分型线的设计要求。

技能目标

1）能够分析简单产品的结构工艺性；

2）能够描述产品分模的基本过程；

3）能够使用 UG 软件正确地完成产品分模。

素养目标

1）培养学生的设计创新能力；

2）培养学生严谨求实、合理化设计的能力。

🔷 任务描述

现接到客户发过来的产品图纸，如图 2 - 1 所示，材料为 ABS，收缩率为 1.005。请完成产品的分模设计，并将型芯、型腔模型交给客户。

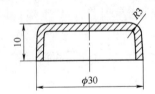

技术要求

1.拔模斜度为3°。

2.产品厚度为2 mm。

3.零件不允许有顶白、气孔和结合线等缺陷。

4.未注公差的尺寸按GB/T 14486—2008 MT5。

图 2 - 1　盖子产品图

作为企业的一名设计师，请完成以下任务：

1）分析产品的结构工艺性，判断产品是否适合注塑成型；

2）完成产品的分模设计，将型芯、型腔模型交给客户。

🔷 任务计划

任务计划见表 2 - 1。

表2-1 任务计划

				___班 第___小组		
ID	姓名	学号	自我评价	组长评价	小组自评	教师总评
组长						
组员1						
组员2						
组员3						
组员4						

任务实施

引导问题1：请检查产品的模型，并填写以下信息：

直径 _____mm；高度 _____mm；厚度 _____mm；体积 _____cm³（立方厘米）。

提示：

1）查询体积的方法：单击"测量体"（菜单→分析→测量体）命令。

2）注意体积的单位是否需要转换。

引导问题2：本产品的材料是ABS，材料收缩率为____。若ABS的密度为1.1 g/cm³（1.1克/立方厘米），根据公式"质量＝密度·体积"，则本产品的质量为：____g（克）。

提示：

1）收缩率以厂商提供的数值作为参考，根据企业内部的经验，选取合适的数值。

2）计算产品重量是为了保证注塑成型产品的总注射量小于注塑机的最大注射量的80%。

引导问题3：塑料产品的壁厚应尽可能均匀。本产品的壁厚是否满足这一条件？□ 是 □ 否

提示：

1）塑料产品的壁厚对成型质量有很大的影响。壁厚过小，成型时流动阻力大，难以充满型腔；壁厚过大，不仅浪费材料，而且容易产生气泡、缩孔等缺陷，影响注塑效率，如图2-2所示。

2）检查产品壁厚的方法：应用"编辑工作截面（【Ctrl】+【H】）"命令进行拖拽。

引导问题4：塑料产品除了要求采用尖角处外，其余的转角处均应尽可能采用圆角过渡。本产品的转角处是否满足这一条件？□是 □否

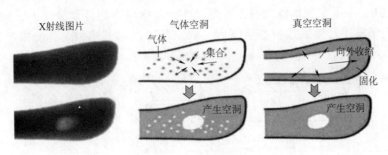

图 2-2 气泡图示

提示：

1）带有尖角的塑件，往往会在尖角处存在开裂风险或其他不可预见的品质缺陷。

2）塑件上转角处采用圆弧过渡，不仅避免了易破裂的问题，而且使塑件变得美观，有利于塑料充填的流动，如图 2-3 所示。

3）对于塑件的某些部位，如型芯、型腔在分型面处的配合位置，则不宜制成圆角，应采用尖角。

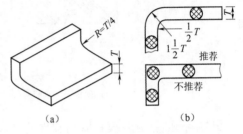

图 2-3 产品转角圆角设计图示

引导问题 5： 塑料产品的内、外表面沿脱模方向要求有足够的斜度。本产品的内、外表面是否满足这一条件？□ 是　　□ 否

提示：

1）塑件在模具中冷却时会产生收缩，将紧紧地抱住型芯，妨碍塑件从型芯中脱出。

2）为了方便脱模，防止拉伤塑件，塑件要设计有脱模斜度，也称为拔模斜度。

3）脱模斜度一般取 $30' \sim 1°30'$，如果因为外观设计需要，则可以大于 $1°30'$，如图 2-4 所示。

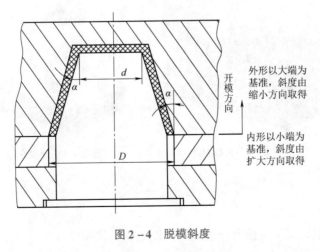

图 2-4 脱模斜度

引导问题6：为了实现塑件成型，需要设计一个模仁将塑件包裹起来，然后在模仁中形成空腔。当塑料注射进入该空腔后凝固，取出就可以得到塑件。其分模过程如图2-5所示。

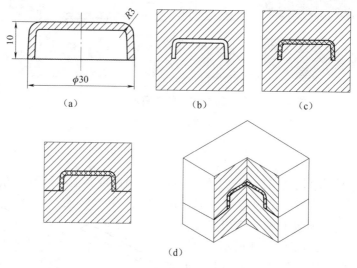

（a）   （b）   （c）

（d）

图2-5 分模过程

（a）产品；（b）模仁中的空腔；（c）塑料注射成型；（d）塑件凝固后取出的方法

引导问题7：分开模具取出塑件的界面，称为分型面（分模面）。分型面与产品外侧表面联合，切割模仁，得到型腔。分型面与产品内侧表面联合，切割模仁，得到型芯。在图2-6和图2-7中，请标注出分型面、型腔和型芯。

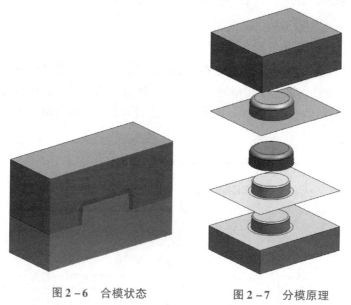

图2-6 合模状态   图2-7 分模原理

提示：

1）一套模具根据需要可能有一个或两个以上的分模面。

2）分模面可以是垂直于合模方向，也可以与合模方向平行或倾斜。

3）从分模面的形状来看，有平面、斜面、阶梯面和曲面。

工作技能—产品分模

操作步骤 1：按收缩率对产品模型进行缩放。

1）在 NX 软件中，打开产品模型：Ch2 - 1. prt。

2）设置工作图层为"5"（用于放置缩放体）。

3）单击"抽取几何体"（菜单→插入→关联复制→抽取几何体）命令。

4）"类型"选择为"体"，"体"选择产品实体，"设置"中勾选"关联"及"固定于当前时间戳记"选项，如图 2-8 所示。

图 2 - 8　抽取几何体

5）设置图层"1"不可见（即隐藏产品实体）。

6）单击"缩放体"（菜单→插入→偏置/缩放→缩放体）命令。

7）"选择体"为抽取的实体，在"比例因子"中输入"1.005"，单击"确定"按钮，如图 2 - 9 所示。

图 2 - 9　收缩率设计

操作步骤2：创建模仁实体，如图 2－10 所示。

1）设置图层"255"为工作图层（用于放置草图）。

2）在 XY 平面上创建一个草图，以基准坐标系原点为草图原点。

3）以原点为中心，绘制一个 80 mm×80 mm 的正方形。

4）设置图层"20"为工作图层（用于放置模仁）。

5）拉伸长方形，开始距离为"－20"，结束距离为"30"。

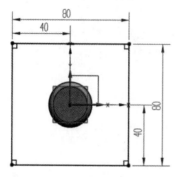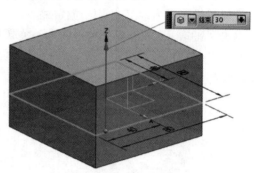

图 2－10　创建模仁

操作步骤3：创建分型面，如图 2－11 所示。

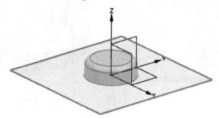

图 2－11　分型面设计

1）设置图层"20"为不可见（即隐藏模仁实体）。

2）设置图层"26"为工作图层（用于放置分型面）。

3）单击"有界平面"（菜单→插入→曲面→有界平面）命令。

4）在"平截面"中"选择曲线"为长方形草图的四条边，单击"确定"按钮将创建一个有界平面。

5）设置图层"255"为不可见（即隐藏模仁草图）。

6）单击"修剪片体"（菜单→插入→修剪→修剪片体）命令。

7）"目标"中"选择片体"为有界平面，"边界对象"中选择缩放体的底部最大轮廓边，"投影方向"为"垂直于面"，"区域"中选择"保留"，单击"确定"按钮，如图 2－12 所示。

操作步骤4：抽取分型面到图层"28"，如图 2－13 所示。

1）设置图层"28"为工作图层（用于放置抽取的分型面、型腔面）。

2）单击"抽取几何体"（菜单→插入→关联复制→抽取几何体）命令。

3）"类型"选择为"面"，"面选项"选择为"单个面"，"选择面"为分型面，"设置"中选择"关联"及"固定于当前时间戳记"，单击"确定"按钮。

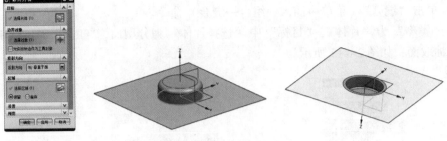

图 2 – 12　修剪分型面片体

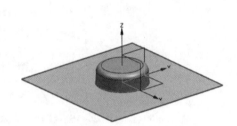

图 2 – 13　抽取分型面

操作步骤 4：抽取型腔分割面，与分型面缝合。

1）设置图层 "26" 为不可见（即隐藏分型面）。

2）单击 "抽取几何体"（菜单→插入→关联复制→抽取几何体）命令。

3）"类型" 设置为 "面"，"面选项" 为 "单个面"，选择缩放体的 3 个外侧表面，"设置" 中选择 "关联" 及 "固定于当前时间戳记"，单击 "确定" 按钮，如图 2 – 14 所示。

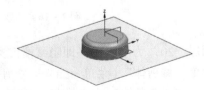

图 2 – 14　抽取几何体

4）设置图层"5"为不可见（即隐藏缩放体）。

5）单击"缝合"（菜单→插入→组合→缝合）命令。

6）"类型"为"片体"，"目标"中"选择片体"为分型面，"工具"中"选择片体"为3个抽取面，如图2-15所示。

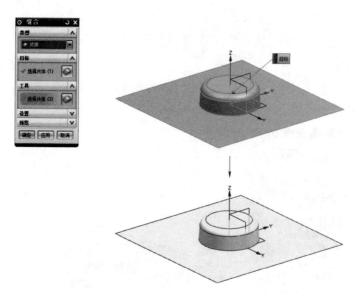

图2-15　缝合几何体

操作步骤5：从模仁中抽取上（定）模仁，分割后得到型腔，如图2-16所示。

1）设置图层"8"为工作图层（用于放置上模仁，也就是型腔）。

2）设置图层"20"为可见（即显示模仁实体）。

3）单击"抽取几何体"（菜单→插入→关联复制→抽取几何体）命令。

4）"类型"为"体"，"体"选择模仁实体，单击"确定"按钮，得到上模仁。

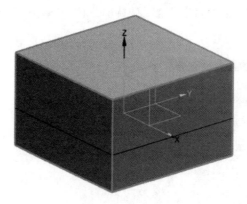

图2-16　抽取定模仁

5）设置图层"20"为不可见（即隐藏模仁实体）。

6）单击命令"修剪体"（菜单→插入→修剪→修剪体）。

7）"目标"中"选择体"为上模仁实体，"工具"中"选择面"为缝合的分型面，控制修剪方向向下，如图 2 – 17 所示。

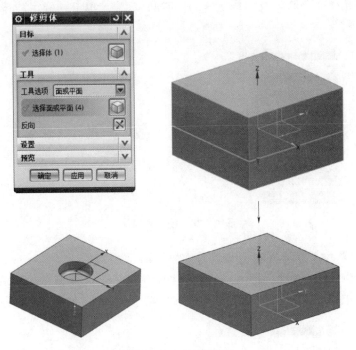

图 2 – 17　抽取型腔

8）设置图层"28"为不可见（即隐藏抽取的分型面与型腔面）。

操作步骤 7：再次抽取分型面。

1）设置图层"27"为工作图层（用于放置抽取的分型面与型芯面）。

2）设置图层"5""26"可见（显示缩放体与分型面）。

3）单击"抽取几何体"（菜单→插入→关联复制→抽取几何体）命令。

4）"类型"设置为"面"，"面选项"为"单个面"，"选择面"为分型面，"设置"中选择"关联"及"固定于当前时间戳记"，单击"确定"按钮，如图 2 – 18 所示。

5）在警告对话框中，单击"是"，如图 2 – 19 所示。

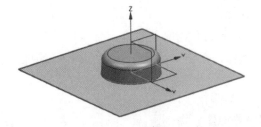

图 2 – 18　分型面选择

图 2 – 19　提示选择

6）设置图层"26"为不可见（即隐藏分型面）。

操作步骤 8：抽取型芯分割面，与分型面缝合。

1）单击"抽取几何体"（菜单→插入→关联复制→抽取几何体）命令。

2）"类型"设置为"面"，"面选项"为"单个面"，"选择面"为缩放体的 4 个内侧表面，"设置"中选择"关联"及"固定于当前时间戳记"，单击"确定"按钮，如图 2 – 20 所示。

图 2 – 20　抽取几何体

3）设置图层"5"为不可见（即隐藏缩放体）。

4）单击"缝合"（菜单→插入→组合→缝合）命令，"类型"为"片体"，"目标"选择分型面，"工具"选择 4 个抽取面，单击"确定"按钮，如图 2 – 21 所示。

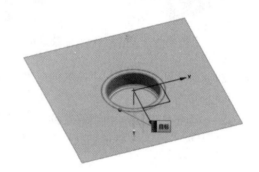

图 2 – 21　缝合

操作步骤 9： 从模仁中抽取下（动）模仁，分割后得到型芯。

1）设置图层"7"为工作图层（即设置型芯所在的图层）。

2）设置图层"20"为可见（即显示模仁实体）。

3）单击"抽取几何体"（菜单→插入→关联复制→抽取几何体）命令。

4）"类型"为"体"，"选择体"为模仁实体，单击"确定"按钮，得到下模仁，如图 2 – 22 所示。

5）设置图层"20"为不可见（即隐藏模仁实体）。

6）单击"修剪体"（菜单→插入→修剪→修剪体）命令。

7）"目标"中"选择体"为下模仁实体，"工具"中"选择面"为缝合的分型面，控制修剪方向向上，如图 2 – 23 所示。

8）设置图层"27"为不可见（即隐藏抽取的分型面与型芯面）。

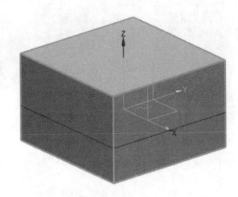

图2-22 抽取型芯

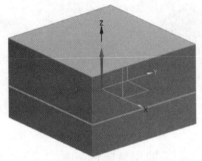
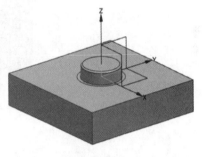

图2-23 修剪型芯

操作步骤10：整理分模部件。

1）设置图层"7"为工作图层，保证图层"5""8""61"可见。

2）单击"对象显示"（菜单→编辑→对象显示）命令。

3）选择上模仁（型腔），如图2-24所示。

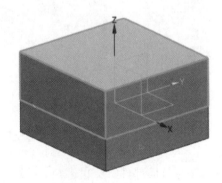

图2-24 设置图层

4）单击"颜色"选项中的颜色条，选择颜色"Deep Sky"，单击"确定"按钮完成上模仁（型腔）的颜色指定，再单击"编辑对象显示"对话框上的"确定"按钮，如图2-25所示。

图 2 – 25　修改定模颜色

5）同理，将下模仁（型芯）颜色指定为"Green"，如图 2 – 26 所示。

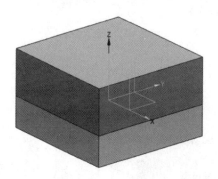

图 2 – 26　修改动模颜色

6）单击"对象显示"（菜单→编辑→对象显示）命令。

7）选择上模仁（型腔）、下模仁（型芯），将"透明度"设置为"60"，如图 2 – 27 所示。

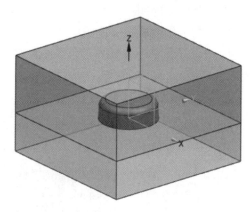

图 2 – 27　修改透明度

操作步骤 11：保存分模部件，交付客户。

1）单击"正三轴测图（Home）"命令，使部件处于轴测图状态，且最大比例显示。

2）单击"保存"命令。

学习反馈

请回答以下问题：

1）是否能说出塑件上圆角的作用？　　　□ 是　　□ 否
2）是否了解塑件对于壁厚的要求？　　　□ 是　　□ 否
3）是否理解了塑件的脱模斜度？　　　　□ 是　　□ 否
4）是否能够完成产品的分模设计？　　　□ 是　　□ 否
5）是否按要求整理分模部件并保存？　　□ 是　　□ 否

拓展任务

1. 拓展任务 1

1）任务描述。

塑件如图 2-28 所示，材料为聚丙烯（简称 PP），收缩率为 1.015。请分析塑件的结构工艺性，并完成塑件的分模设计。

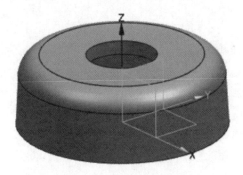

图 2-28　盖子产品图 1

2）工作成果。

请将分模结果展示在下方空白处。对自己工作成果的评价是_____分。

2. 拓展任务 2

1）任务描述。

塑件如图 2-29 所示，材料为聚乙烯（简称 PE），收缩率为 1.025。分析塑件的结构工艺性，并完成塑件的分模设计。

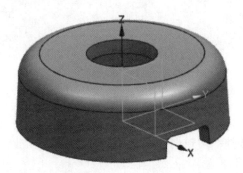

图 2-29　盖子产品图 2

2）工作成果。

请将分模结果展示在下方空白处。对自己工作成果的评价是_____分。

任务 3 手工进行分模设计

任务引入

分析产品结构工艺性，应用手工方法进行分模设计。

任务目标

知识目标

1）产品体积和重量的计算；

2）拔模斜度的设计标准。

技能目标

1）能够分析产品的结构工艺性；

2）能够分析产品的结构特点，阐述分模设计方案；

3）能够应用手工方法进行产品分模设计。

素养目标

1）培养学生的设计创新能力；

2）培养严谨求实、合理化设计的能力。

任务描述

现接到客户发过来的产品，如图 3-1 所示，材料为 ABS，收缩率为 1.005。请完成产品的分模设计，并将型芯、型腔模型交给客户。

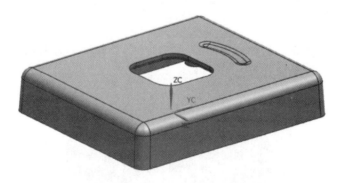

图 3-1 产品图

作为企业的一名设计师，请根据客户对产品的要求，完成以下任务：

1）分析产品的结构工艺性；

2）制定产品的分模方案；

3）完成产品的分模设计，将模型交付客户。

任务计划

任务计划见表3-1。

表3-1　任务计划

			___班 第___小组			
ID	姓名	学号	自我评价	组长评价	小组自评	教师总评
组长						
组员1						
组员2						
组员3						
组员4						

任务实施

引导问题1：请检查产品的模型，填写以下信息：

长度（Y方向）_____mm；宽度（X方向）_____mm；高度（Z方向）_____mm；厚度_____mm；体积_____cm³。

引导问题2：本产品的材料是ABS，确定的材料收缩率为_____。若ABS的密度为1.1 g/cm³（1.1克/立方厘米），根据公式"质量＝密度·体积"，则本产品的质量为：_____g（克）。

引导问题3：本产品的壁厚是_____，平均壁厚是_____，最大壁厚是_____。塑料产品的壁厚应尽可能相同。您认为本产品的壁厚是否满足这一条件？（□ 是 □ 否）

┌─ **提示**：

1）检查产品壁厚的方法：应用"检查壁厚"（菜单→模具部件验证→检查壁厚）命令。

2）在"检查壁厚"对话框中，"选择体"为产品实体，"处理结果"中单击"计算厚度"图标，在"总体结果"中查看计算结果，如图3-2所示。

图3-2　产品壁厚检查

图 3 - 2　产品壁厚检查（续）

引导问题 4：塑料产品除了要求采用尖角处外，其余的转角处应尽可能采用圆角过渡。本产品转角处是否满足这一条件？（□ 是　□ 否）

引导问题 5：产品拔模方向是否正确？（□ 是　□ 否）

提示：

1）单击"对象信息"（菜单→信息→对象）命令。

2）选择产品的底面，如图 3 - 3 所示。

图 3 - 3　产品拔模确定

3）在弹出的信息中，若以下问题的答案均为"是"，则拔模方向正确：

①底面中心"点"的工作坐标 XC 、YC 、ZC 是否全为 0。（□ 是　□ 否）

②底面在"垂直—绝对"坐标系中 Z 方向的向量 $K = -1$。（□ 是　□ 否）

③底面在"垂直—WCS"坐标系中 Z 方向的向量 $K = -1$。（□ 是　□ 否）

```
i 信息                                              —  □  ×
文件(F)  编辑(E)

信息列表创建者：      LNDev
日期：              2019/10/29 20:42:42
当前工作部件：       D:\LNXY\2020-2021(1)\000-MyLesson\002-MoldTech\UG Part\Ch3-1.prt
节点名：            lndev

以下编号的对象的信息 1

属主部件            D:\LNXY\2020-2021(1)\000-MyLesson\002-MoldTech\UG Part\Ch3-1.prt
图层               1
类型               面
颜色[从体]          87 (Silver Gray)
线型               实心
宽度               正常
修改的版本          13    29 10月 2019 16:13 (由用户 LNDev)
创建的版本          11    17 6月 2015 16:32 (由用户 Major)
信息单位            mm
曲面类型（非参数化的）  修剪平面

点                XC =   0.000000000        X =   0.000000000
                 YC =   0.000000000        Y =   0.000000000
                 ZC =   0.000000000        Z =   0.000000000

垂直 - 绝对         I =    0.000000000
                 J =    0.000000000
                 K =   -1.000000000

垂直 - WCS         I =    0.000000000
                 J =    0.000000000
                 K =   -1.000000000
```

引导问题 6：塑料产品的内、外表面沿拔模方向要求有足够的斜度。本产品的内、外表面是否满足这一条件？（□ 是　□ 否）

提示：

1）拔模斜度一般取 $30'\sim1°30'$。如果因为外观设计需要，则可以大于 $1°30'$。

2）检查拔模斜度的方法：单击"拔模分析"（菜单→分析→形状→拔模）命令。

3）在"拔模分析"对话框的"目标"中"选择面"为产品的所有表面，单击"确定"按钮，将以默认角度 5° 来进行拔模分析，如图 3-4 所示。

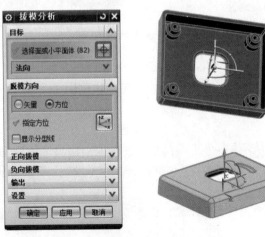

图 3-4　产品拔模分析

4）在"拔模分析"对话框中单击"确定"按钮后，产品进入"面分析"渲染状态。可以在"渲染样式"下拉菜单中单击"带边着色"来改变渲染样式，如图3-5所示。

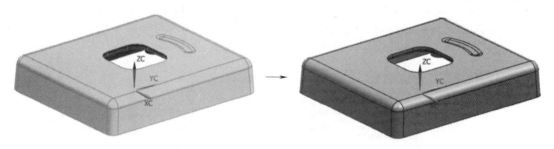

图3-5　产品面分析

工作技能—产品分模

操作步骤1：按收缩率对产品模型进行缩放。

1）设置图层"5"为工作图层。

2）单击"抽取几何体"命令，抽取产品实体，如图3-6所示。

图3-6　抽取几何体

3）设置图层"1"为不可见（即隐藏产品实体）。

4）单击"缩放体"命令，选择第5层实体，在"比例因子"中输入收缩率"1.005"，如图3-7所示。

操作步骤2：检查区域。

1）单击"检查区域"（菜单→分析→模型部件验证→检查区域）命令。

2）系统自动选择缩放体，检查脱模方向是否为"+Z"，单击"计算"的图标，如图3-8所示。

3）单击"区域"选项卡，"型腔区域"数量为＿＿＿，"型芯区域"数量为＿＿＿，"未定义的区域"数量为＿＿＿，如图3-9所示。

图 3 – 7　产品缩放

图 3 – 8　检查缩放体

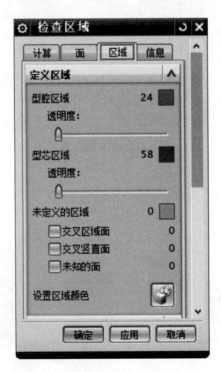

图 3 – 9　检查结果图示

4）单击"设置区域颜色"图标，型腔区域将自动设置为橙色，型芯区域将自动设置为蓝色。橙色面与蓝色面相交处的线段称为分型线（红色），如图3-10所示。

图3-10　检查结果颜色显示

操作步骤3：创建模仁实体。

1）设置图层"255"为工作图层。

2）在 XY 平面上创建一个草图，以基准坐标系原点为草图原点。

3）以草图原点为中心，绘制一个长方形，其长、宽尺寸从经验数值中选取。

选择的长方形长度为＿＿＿＿＿＿，宽度为＿＿＿＿＿＿。如图3-11所示。

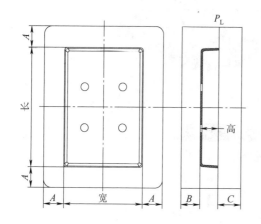

mm

高	长或宽	A	B	C
0~30	0~150	20~25	20~25	20~30
	150~250	25~30		
	250~300	25~30	25~30	
30~80	0~150	25~30	25~35	30~40
	150~250	25~35		
	250~300	30~35	35~40	
>80	0~150	35~40	35~40	35~45
	150~250	35~45		
	250~300	40~50	40~50	

图3-11　模仁选择标准

4）设置图层"20"为工作图层。

5）根据上图的经验数值，拉伸草图。选择的开始距离为＿＿＿＿＿＿，结束距离为＿＿＿＿＿＿。如图3-12所示。

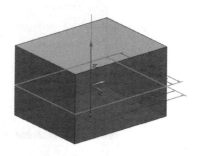

图3-12　创建模仁

操作步骤4：创建分型面。

1）设置图层"26"为工作图层，设置图层"20"为不可见（隐藏模仁）。

2）单击"有界平面"命令，选择长方形草图的四条边，创建一个有界平面，如图3-13所示。

图3-13　创建分型面

3）设置图层"255"为不可见。

4）单击"修剪片体"命令，选择缩放体的底部最大轮廓边（分型线）来修剪有界平面，如图3-14所示。

图3-14　修剪分型面

操作步骤5：补面。

1）设置图层"26"为工作图层。

2）单击"有界平面"命令，选择产品顶面矩形孔的四条边（分型线），创建一个有界平面（补面），如图3-15所示。

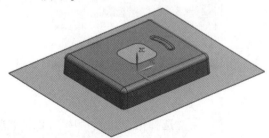

图3-15　修补面

操作步骤6：抽取分型面到图层"28"。

1）设置图层"28"为工作图层。

2）单击"抽取几何体"命令，"类型"为"面"，"选择面"为分型面与补面，单击"确定"按钮，如图3-16所示。

图 3 - 16　抽取面到图层

操作步骤7：抽取型腔分割面，与分型面缝合。

1）设置图层"26"为不可见（隐藏原始的分型面与补面）。

2）单击"抽取几何体"命令，"类型"为"面"，"面选项"为"面链"，单击"选择面"，如图 3 - 17 所示。

图 3 - 17　抽取几何体

图 3 - 18　选择条

3）在"选择条"工具栏中，单击"常规选择过滤器"按钮 ⊞，选择"颜色过滤器"选项 ◎，如图 3 - 18 所示。

4）在"颜色"对话框的"选定的颜色"项中，单击"从对象继承"图标 🔲，如图 3 - 19 所示。

5）选择缩放体上任意一个橙色表面（型腔面），单击"确定"按钮，如图 3 - 20 所示。

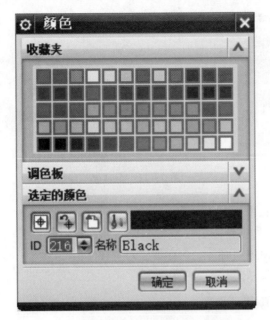

图 3 – 19　选择颜色

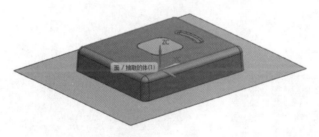

图 3 – 20　选择面

6）在键盘上同时按下【Ctrl】+【A】键，将选择所有的橙色面（型腔面），单击"确定"按钮，如图 3 – 21 所示。

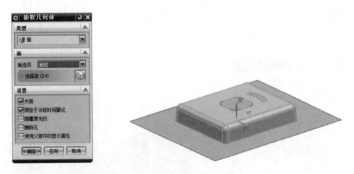

图 3 – 21　确定选择面

7）设置图层"5"为不可见（隐藏缩放体）。

8）单击"缝合"命令，"目标"选择分型面，"工具"选择其余所有面（补面与型腔面），单击确定按钮，如图 3 – 22 所示。

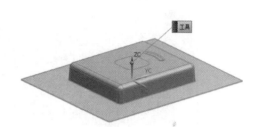

图 3 – 22　缝合面

操作步骤 8：从模仁中抽取上（定）模仁，分割后得到型腔。

1）设置图层"8"为工作图层（放置型腔），设置图层"20"为可见。

2）单击"抽取几何体"命令，"类型"为"体"，"选择体"为模仁实体，单击"确定"按钮，得到上模仁，如图 3 – 23 所示。

图 3 – 23　抽取模仁

3）设置图层"20"为不可见（隐藏模仁实体）。

4）单击"修剪体"命令，"目标"中"选择体（1）"为上模仁实体，"工具"中"选择面或平面（26）"为缝合的分型面，修剪方向向下，单击"确定"按钮，如图 3 – 24 所示。

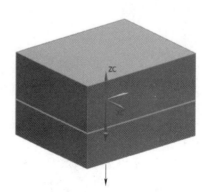

图 3 – 24　创建上模仁

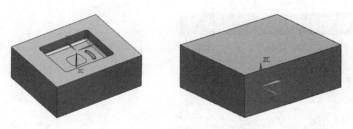

图 3 – 24　创建上模仁（续）

5）设置图层"28"为不可见。

操作步骤 9：再次抽取分型面。

1）设置图层"27"为工作图层，保证图层"5""26"可见。

2）单击"抽取几何体"命令，"类型"为"面"，"选择面（2）"为分型面与补面，如图 3 – 25 所示。

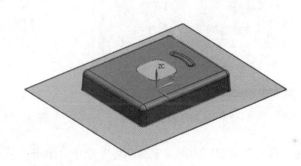

图 3 – 25　抽取动模仁几何体

3）在弹出的警告对话框中，单击"是"，如图 3 – 26 所示。

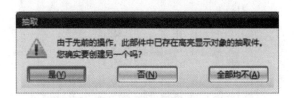

图 3 – 26　提示

操作步骤 10：抽取型芯分割面，与分型面缝合。

1）设置图层"26"为不可见（即隐藏原始的分型面与补面）。

2）设置图层"27"为工作图层，图层"61"与"5"可见。

3）单击"抽取几何体"命令，"类型"为"面"，"面选项"为"面链"，单击"选择面（0）"，如图 3 – 27 所示。

4）在"选择条"工具栏中，单击"常规选择过滤器"按钮，再选择"颜色过滤器"选项，如图 3 – 28 所示。

图3－27　抽取动模仁分型面　　　　　图3－28　"选择条"工具栏

5）在"颜色"对话框的"选定的颜色"项中，单击"从对象继承"图标，如图3－29所示。

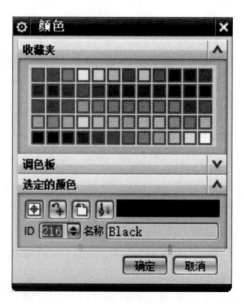

图3－29　颜色选择

6）选择缩放体上任意一个蓝色面（型芯面），单击"确定"按钮，如图 3 – 30 所示。

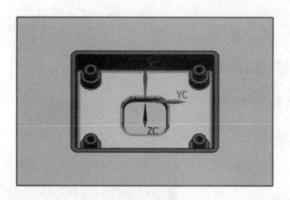

图 3 – 30 选择型芯面

7）在键盘上同时按下【Ctrl】+【A】键，将选择所有的蓝色面（型芯面），单击"确定"按钮，如图 3 – 31 所示。

图 3 – 31 全选型芯面

8）设置图层"5"为不可见（隐藏缩放体）。

9）单击"缝合"命令，"目标"选择分型面，"工具"选择"其余所面"（补面与型芯面），单击"确定"按钮，如图 3 – 32 所示。

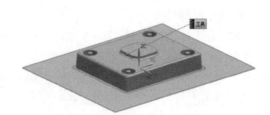

图 3 – 32 缝合分型面

操作步骤 11： 从模仁中抽取下（动）模仁，分割后得到型芯。

1）设置图层"7"为工作图层（放置型芯）。

2）设置图层"20"为可见（显示模仁）。

3）单击"抽取几何体"命令，"类型"为"体"，"选择体（1）"为模仁实体，单击"确定"按钮，得到下模仁，如图3-33所示。

图3-33　抽取动模仁

4）设置图层"20"为不可见（隐藏模仁）。

5）单击"修剪体"命令，"目标"中"选择体（1）"为下模仁实体，"工具"中"选择面或平面（60）"为缝合的分型面，修剪方向向上，单击"确定"按钮，如图3-34所示。

图3-34　修剪动模仁

6）设置图层"27"为不可见。

操作步骤12：整理分模部件。

1）设置图层"7"为工作图层，保证图层"5""8""61"可见。

2）单击"对象显示"命令，选择上模仁（型腔）。

3）单击"颜色"选项中的颜色条，选择颜色"Deep Sky"，单击"确定"按钮完成上模仁（型腔）的颜色指定。

4）将"透明度"设置为"60"，如图3-35所示。

5）将动模仁（型芯）颜色指定为"Green"，"透明度"设置为"60"，如图3-36所示。

操作步骤13：保存分模部件，交付客户。

1）单击"正三轴测图（Home）"命令，使部件处于轴测图状态，且最大比例显示。

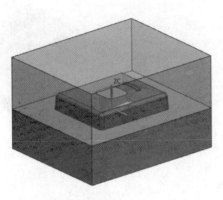

图 3 – 35　设定定模仁透明度

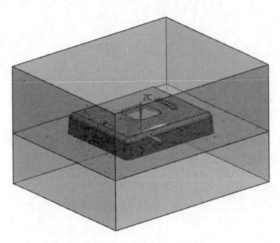

图 3 – 36　设定动模仁透明度

2）单击"保存"按钮。

学习反馈

回答以下问题：

1）是否能够检测产品的厚度、出模方向与拔模斜度？ □ 是　□ 否

2）是否能够运用"区域检查"命令？ □ 是　□ 否

3）是否能够运用"颜色过滤"来选择表面？ □ 是　□ 否

4）是否完成了产品的分模过程？ □ 是　□ 否

5）是否按照要求保存分模部件？ □ 是　□ 否

拓展任务

1）拓展任务1。

①任务描述。

塑件模型如图 3 – 37 所示，材料为 ABS，收缩率为 1.005。分析塑件的结构工艺性，并完成塑件的分模设计。

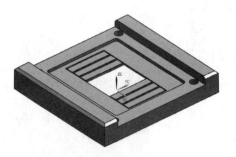

图 3 – 37　产品图 1

②工作成果。

请将分模结果展示在下方空白处。对自己工作成果的评价是_____分。

2）拓展任务 2。

①任务描述。

塑件模型如图 3 – 38 所示，材料聚丙烯（简称 PP），收缩率为 1.015。请分析塑件的结构工艺性，并完成塑件的分模设计。

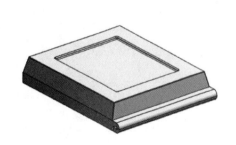

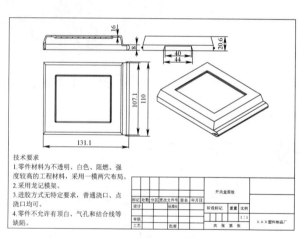

图 3 – 38　产品图 2

②工作成果。

请将分模结果展示在下方空白处。对自己工作成果的评价是_____分。

任务 4 应用自动分模技术

任务引入

分析产品的注塑成型工艺，应用自动分模技术进行产品分模设计。

任务目标

知识目标

1）能够熟悉自动分模流程；

2）了解产品脱模斜度的标准；

3）了解动、定模仁的设计标准。

技能目标

1）能够熟练运用 UG 创建分型面；

2）能够运用自动补面的方法；

3）能够根据向导创建分型面。

素养目标

1）培养学生的设计创新能力；

2）培养学生严谨求实、合理化设计的能力。

任务描述

现接到客户发过来的产品图，如图 4-1 所示，材料为聚碳酸酯 PC，收缩率为 1.004 5。请完成产品的分模设计，并将型芯、型腔图档交给客户。

图 4-1 产品图

作为企业的一名设计师，请根据客户对产品的要求，完成以下任务：

1）分析产品的结构工艺性。

2）制定产品的分模方案。

3）完成产品的分模设计，将图档交付客户。

任务计划

任务计划见表4-1。

表4-1 任务计划

___班 第___小组						
ID	姓名	学号	自我评价	组长评价	小组自评	教师总评
组长						
组员1						
组员2						
组员3						
组员4						

任务实施

引导问题1：请检查产品的模型，填写以下信息：

长度（Y方向）____mm，宽度（X方向）____mm，高度（Z方向）____mm，厚度____mm，体积____cm³。

引导问题2：产品的材料是聚碳酸酯PC，材料收缩率为_____。若PC的密度为1.2 g/cm³（1.1克/立方厘米），根据公式"质量＝密度·体积"，则产品的质量为：_____g（克）。

引导问题3：产品的壁厚是_____，平均壁厚是_____，最大壁厚是_____。塑料产品的壁厚应尽可能相同。本产品的壁厚是否满足这一条件？（□ 是 □ 否）

引导问题4：塑料产品除了要求采用尖角处外，其余的转角处均应尽可能采用圆角过渡。本产品转角处是否满足这一条件？（□ 是 □ 否）

引导问题5：产品拔模方向是否正确？（□ 是 □ 否）

引导问题6：塑料产品的内、外表面沿脱模方向要求有足够的斜度。产品的内、外表面是否满足这一条件？（□ 是 □ 否）

工作技能—产品分模

操作步骤1：将产品文件另存为"19MJ101. prt"，所在文件夹为"19MJ101 - 41"。

提示：

"19MJ101. prt"中，"19"表示19级，"MJ"表示"模具"，"101"为学号后3位，". prt"为UG文件扩展名，如图4-2所示。

操作步骤2：进入"注塑模向导"应用模块，如图4-3所示。

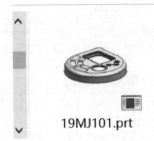

G Part ＞ 19MJ101-41

19MJ101.prt

图 4 - 2　产品文件类型

图 4 - 3　注塑模向导

操作步骤 3：初始化项目。

1）单击"初始化项目"命令 。

2）"材料"选择"PC"，检查"收缩率"是否正确，"配置"选择"原先的"，单击"确定"按钮，等待项目完成初始化，如图 4 - 4 所示。

图 4 - 4　初始化项目

3）切换到"装配导航器"，检查初始化项目是否正确，如图4-5所示。

①所有部件的前缀是否均为"19MJ101_"？　　□ 是　□ 否

②总装配是否为"19MJ101_ top_ ＊＊＊"？　　□ 是　□ 否

③总装配下是否列出了5个组件？　　□ 是　□ 否

图4-5　装配导航器

4）单击"保存"。

操作步骤4：设置模具坐标系（CSYS）。

1）单击"模具CSYS"命令 。

2）在"更改产品位置"中选择"当前WCS"，单击"确定"按钮，如图4-6所示。

图4-6　确定坐标系

操作步骤5：检查收缩率。

1）单击"收缩率"命令 ，如图4-7所示。

图4-7　设定收缩率

2）检查"比例因子"的数值。如果正确，则单击"取消"；如果不正确，则输入正确值，单击"确定"按钮。

设置的收缩率是否正确？　□ 是　□ 否

3）单击"保存"。

操作步骤6：模仁（工件）设计。

1）单击"工件"命令 。

2）查看默认的模仁（工件）尺寸。模仁在六个方向上与产品的距离均默认为25，如图4-8所示。

3）根据经验数值，如图4-9所示，查询模仁在六个方向上与产品的距离应分别为：

"X-" "X+"：_____ ；"Y-" "Y+"：_____ ；

"Z_ down"：_____ ；"Z_ up"：_____ 。

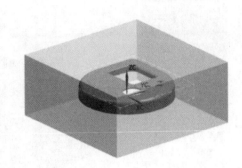

图4-8 设定工件尺寸

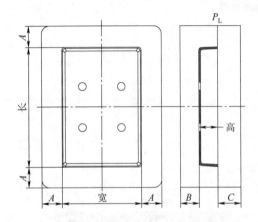

mm

高	长或宽	A	B	C
	0～150	20～25	20～25	20～30
0～30	150～250	25～30		
	250～300	25～30	25～30	
	0～150	25～30	25～35	30～40
30～80	150～250	25～35		
	250～300	30～35	35～40	
	0～150	35～40	35～40	35～45
>80	150～250	35～45		
	250～300	40～50	40～50	

图4-9 工件设计标准

4）在"工件"对话框"尺寸"中，双击需要编辑的尺寸位置，输入新的数值。编辑完成后，单击"确定"按钮生成模仁（工件）。

提示:

"全部"列中的数据一般不需要编辑，由在同一行左侧的数据自动进行圆整计算，如图4-10所示。

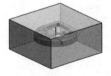

图4-10 尺寸确认

5）单击"保存"按钮。

操作步骤7：型腔布局。

1）单击"型腔布局"命令⬚，如图4-11所示。

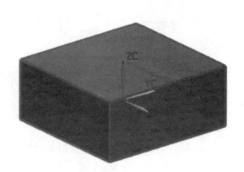

图 4 – 11 型腔布局

2）在"编辑布局"选项中，单击"自动对准中心"按钮⊞。

3）单击"关闭"按钮。

操作步骤 8： 检查区域。

1）单击"模具分型工具"命令，弹出"模具分型工具"和"分型导航器"，如图 4 – 12 所示。

2）单击"分型导航器"右上角的"×"，暂时关闭。如果需要显示"分型导航器"，则再单击"模具分型工具"最右侧的"分型导航器"命令。

3）单击"模具分型工具"上的"检查区域"命令，如图 4 – 13 所示。

图 4 – 12 模具分型工具

图 4 – 13 模具分型检查区域

4）单击"计算"的图标，等待计算完成，如图 4 – 14 所示。

5）单击"区域"选项卡，"型腔区域"的数量为＿＿＿，"型芯区域"的数量为＿＿＿，"未定义的区域"数量为＿＿＿＿，"交叉竖直面"的数量为＿＿＿＿。

图4－14　模具分型检查区域数量

6）单击"设置区域颜色"，查看产品的型腔面、型芯面及分型线（红色），如图4－15所示。

图4－15　型腔型芯颜色显示

7）勾选"交叉竖直面16"，在"指派到区域"项中"选择区域面"的数值自动变为"16"，选择"型腔区域"项，单击"应用"按钮，将16个交叉竖直面指定为型腔面，如图4－16所示。

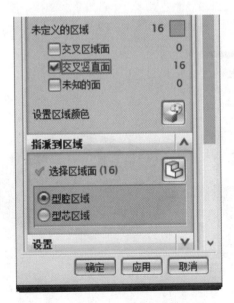

图4－16　交叉面显示

8）再次检查区域定义情况："型腔区域"的数量为_____，"型芯区域"的数量为_____，"未定义的区域"数量为_____（必须为0），"交叉竖直面"的数量为_____。如图4－17所示。

图4－17　检查区域显示

9）单击"确定"按钮，查看区域检查结果，如图4－18所示。

图4－18　检查区域动，定模显示

操作步骤9：曲面补片（补面），如图4－19所示。

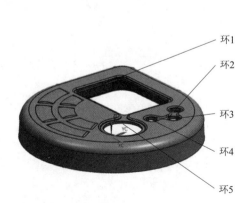

图4－19　曲面补片

1）单击"曲面补片"命令◎。

2

2）"环选择"的"类型"为"移刀"，单击"选择边/曲线"按钮，选择需要补面处的分型线（封闭曲线），在"环列表"会自动列出"环1"。再次单击"选择边/曲线"按钮，选择下一处分型线，自动列出"环2"。依次类推，将所有需要补面处的分型线选择完毕。

提示：

型腔面（橙色）与型芯面（蓝色）的分界线是分型线。

3）在"环列表"项中选择所有环，单击"确定"按钮完成曲面补片，如图4-20所示。

图4-20 环列表

操作步骤10：定义区域，将型腔面、型芯面分别抽取到图层"28""27"，如图4-21所示。

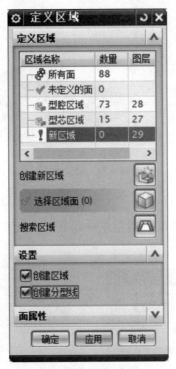

图4-21 定义区域

1）单击"定义区域"命令 。检查区域中面的数量：未定义的面____个（必须为0），新区域____个（必须为0）。

2）在"设置"中勾选"创建区域""创建分型线"选项，单击"确定"按钮。

操作步骤11：创建分型面。

1）单击"自动创建分型面"命令 。

2）在"设计分型面"对话框中单击"确定"按钮，将使用分型线创建一个有界平面（分型面），如图4-22所示。

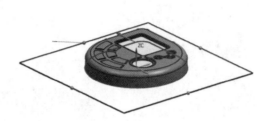

图4-22　创建分型面

操作步骤12：定义型腔和型芯。

1）单击"定义型腔和型芯"命令 。对话框中默认选择的片体是"型腔区域"，图形区中属于型腔区域的曲面将高亮显示（红色），如图4-23所示。

图4-23　定义型腔

2）单击"应用"按钮。

3）在弹出的"查看分型结果"对话框中单击"确定"按钮，生成型腔（上模仁），如图4-24所示。

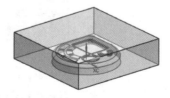

图4-24　查看分型

4）在重新弹出的"定义型腔和型芯"对话框中选择"型芯区域"，单击"确定"按钮，如图4-25所示。

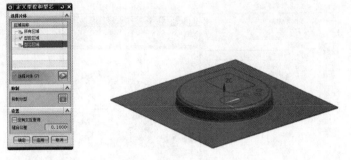

图4-25 定义型芯

5）在弹出的"查看分型结果"对话框中单击"确定"按钮，生成型芯（下模仁），如图4-26所示。

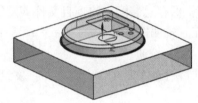

图4-26 查看分型

6）单击"模具分型工具"栏右上角的"×"，关闭工具栏，如图4-27所示。

操作步骤13：返回总装配，查看型腔和型芯部件。

1）在"装配导航器"中，在"＊＊＊_parting_＊＊＊"部件上单击鼠标右键，在弹出的菜单中选择

图4-27 分型工具

"显示父项"，再选择"＊＊＊_top_＊＊＊"，将返回总装配，如图4-28所示。

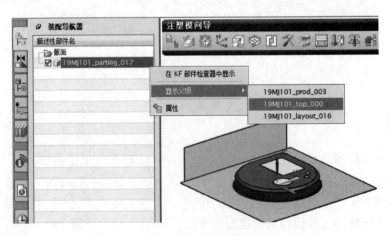

图4-28 查看部件

2）在"装配导航器"中，双击总装配"＊＊＊_ top_ ＊＊＊"，使其为工作部件，如图 4 - 29 所示。

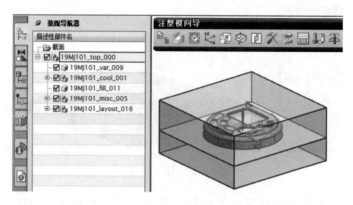

图 4 - 29　部件显示

操作步骤 14：保存总装配，将项目文件夹发给客户，如图 4 - 30 所示。

1）单击"正三轴测图（Home）"命令 。

2）单击"保存"按钮。

3）将整个项目的文件夹（含内部文件）发给客户。

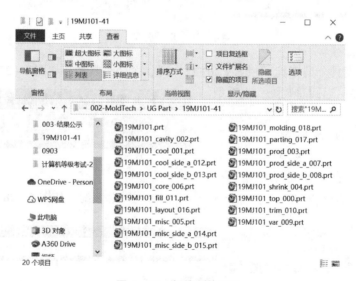

图 4 - 30　部件文件显示

学习反馈

1）是否能够根据经验值确定模仁的尺寸？　　□ 是　　□ 否

2）是否理解曲面补片的含义？　　□ 是　　□ 否

3）是否理解定义区域的含义？　　□ 是　　□ 否

4）是否了解软件是如何自动创建分型面的？　　□ 是　　□ 否

5）是否能够完成产品的自动分模全过程？　　□ 是　　□ 否

拓展任务

1）拓展任务 1。

①任务描述。

客户发来的塑件模型如图 4 – 31 所示，材料为聚丙烯（简称 PP），收缩率为 1.015。请分析塑件的结构工艺性，并完成塑件的自动分模设计。

图 4 – 31　产品图 1

②工作成果。

请将分模结果展示在下方空白处。对自己工作成果的评价是＿＿＿＿＿分。

2）拓展任务 2。

①任务描述。

客户发来的塑件模型如图 4 – 32 所示，材料为 ABS，收缩率为 1.005。请分析塑件的结构工艺性，并完成塑件的自动分模设计。

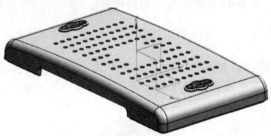

图 4 – 32　产品图 2

②工作成果。

请您将分模结果展示在下方空白处。对自己工作成果的评价是＿＿＿＿＿分。

任务5　面板注塑模具设计

任务引入

分析产品的注塑成型工艺，完成一模一腔的模具结构设计。

任务目标

知识目标

1) 了解产品体积、重量以及壁厚知识；

2) 了解材料的收缩率；

3) 掌握动、定模仁的设计标准；

4) 掌握模胚的设计标准；

5) 掌握浇注系统的设计标准；

6) 掌握顶出系统的设计标准。

技能目标

1) 能够分析产品的壁厚、拔模斜度、圆角等对于注塑成型工艺的影响；

2) 能够描述模具的主要结构：型芯型腔、模胚、浇注系统、推出系统和冷却系统等；

3) 能够应用 NX 软件的注塑模向导，完成产品的一模一腔模具结构设计。

素养目标

1) 培养学生的设计创新能力；

2) 培养学生严谨求实、合理化设计的能力；

3) 培养学生节省流道材料，形成节省的思维；

4) 提升冷却速率，具备效率和时间方面的理念。

任务描述

现接到客户的塑件模型，材料为 ABS，收缩率为 1.005。要求设计 1 套一模一腔的注塑模具，产量 10 万件，要求塑件外观平整，无飞边与顶白等瑕疵，如图 5 - 1 所示。

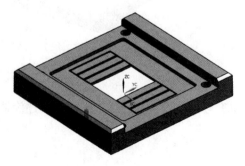

图 5 - 1　产品图

作为企业的一名设计师，请根据客户对产品及模具的要求，完成以下任务：

1）观察产品的结构，分析产品的注塑成型工艺；

2）应用 NX 软件的注塑模向导，完成一模一腔模具结构设计。

任务计划

任务计划见表 5-1。

表 5-1　任务计划

ID	姓名	学号	自我评价	组长评价	小组自评	教师总评
组长						
组员 1						
组员 2						
组员 3						
组员 4						
组员 5						

（表头上方：___班 第___小组）

子任务 5.1　初始化项目

任务引入

初始化模具项目，构建项目的设计架构。

任务目标

知识目标

1）了解产品的体积、重量以及壁厚；

2）熟悉产品的拔模斜度及斜度标准；

3）了解模仁的尺寸设计标准。

技能目标

1）能够分析产品的注塑成型工艺；

2）能够根据经验数值，选择合适的模仁尺寸；

3）能够应用注塑模向导，完成项目的初始化。

素养目标

1）培养学生的设计创新能力；

2）培养学生严谨求实、合理化设计的能力。

任务描述

分析产品的注塑成型工艺及设计模仁尺寸，完成项目的初始化。

任务实施

引导问题 1: 请您检查产品的模型,填写以下信息:

长度(*Y* 方向)____mm,宽度(*X* 方向)____mm,高度(*Z* 方向)____mm,厚度____mm,体积____cm^3。

引导问题 2: 本产品的材料是 ABS,确定的材料收缩率为_____。若 ABS 的密度为 1.1 g/cm^3(1.1 克/立方厘米),根据公式"质量 = 密度·体积",则本产品的质量为:____g(克)。

引导问题 3: 本产品的壁厚是_____,平均壁厚是_____,最大壁厚是_____。

塑料产品的壁厚应尽可能相同。您认为本产品的壁厚是否满足这一条件?(□ 是 □ 否)

引导问题 4: 塑料产品除了要求采用尖角处外,其余的转角处均应尽可能采用圆角过渡。您认为本产品转角处是否满足这一条件?(□ 是 □ 否)

引导问题 5: 您认为产品拔模方向是否正确?(□ 是 □ 否)

引导问题 6: 塑料产品的内、外表面沿脱模方向要求有足够的斜度。您认为本产品的内、外表面是否满足这一条件?(□ 是 □ 否)

工作技能—初始化项目

操作步骤 1: 准备产品文件。

1)将产品文件另存为"19MJ101.prt",所在文件夹为"19MJ101 - 5 - 1"。

提示:

"19MJ101 - 5 - 1"中,"19"为年级,"MJ"为模具,"101"为学号后三位,"5"为任务号,"1"为项目号,如图 5 - 2 所示。

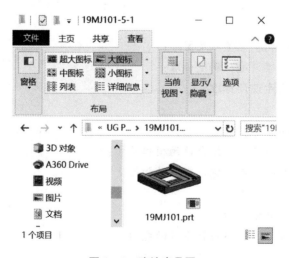

图 5 - 2 确认产品图

操作步骤 2: 进入"注塑模向导"应用模块,如图 5 - 3 所示。

图5-3 进入注塑模向导

操作步骤3：初始化项目。

1）单击"初始化项目"命令。

2）在"产品"中会自动选择1个实体。

3）在"项目设置"中，"材料"为"ABS"，"收缩率"为"1.005"，"配置"为"原先的"，单击"确定"按钮，等待项目完成初始化，如图5-4所示。

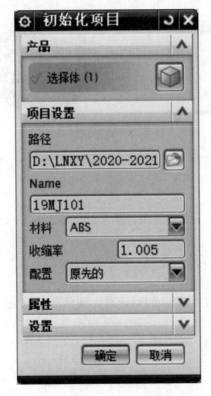

图5-4 初始化

4）切换到"装配导航器"，检查初始化项目是否正确，如图5-5所示。

图5-5 检查零件

①所有部件的前缀是否均为"19MJ101_"?　　□ 是　　□ 否

②总装配是否为"19MJ101_ top_ ＊＊＊"?　　□ 是　　□ 否

③总装配下是否列出了 5 个组件?　　　　　□ 是　　□ 否

5) 单击"保存"按钮。

操作步骤 4：设置模具坐标系（CSYS），保证主分型面与工作坐标系的 $XC - YC$ 平面重合，如图 5 – 6 所示。

1) 单击"模具 CSYS"命令 。

2) 在"模具 CSYS"对话框中，"更改产品位置"为"当前 WCS"，单击"确定"按钮。

图 5 – 6　确定模具坐标

提示：

本产品已经提前将底面（主分型面）移动到工作坐标系 $XC - YC$ 平面上，且产品底面的中心与原点重合。

操作步骤 5：检查收缩率是否正确，如图 5 – 7 所示。

1) 单击"收缩率"命令 。

2) 检查"比例因子"的数值。如果正确，则单击"取消"按钮；如果不正确，则输入正确值，单击"确定"按钮。

设置的收缩率是否正确?　　□ 是　　□ 否

图 5 – 7　设计收缩

操作步骤 6：设计模仁（工件）的尺寸，如图 5 – 8 所示。

1) 单击"工件"命令 。

2) 在"工件"对话框的"尺寸"项中列出了模仁在六个方向上与产品的距离，均默认为 25 mm。在"位图"中列出了"产品最大尺寸（Product Maximum Size）"，其中"X"表示宽度，"Y"表示长度，"Z_ down"表示在主分型面下的尺寸，"Z_ up"表示在主分型面上的尺寸。

写出产品的尺寸信息："X"= ____，"Y"= ____，"Z_ down"= ____，"Z_ up"= ____。

提示：

"尺寸"中，"减"表示"负方向"，"附加"表示"正方向"。

 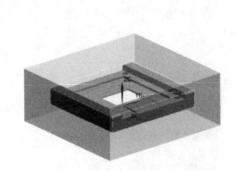

图 5 – 8　创建工作

3）根据模仁尺寸经验值，如图 5 – 9 所示，模仁在六个方向上与产品的距离应为："X –""X +"（A 值）：_____；"Y –""Y +"（A 值）：_____；"Z_ down"（C 值）：_____；"Z_ up"（B 值）：_____。
模仁的总宽度是_____，总长度是_____，总高度是_____。

mm

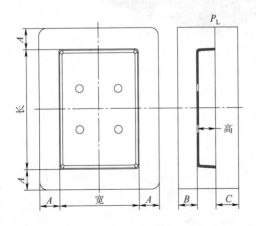

高	长或宽	A	B	C
0 ~ 30	0 ~ 150	20 ~ 25	20 ~ 25	20 ~ 30
	150 ~ 250	25 ~ 30		
	250 ~ 300	25 ~ 30	25 ~ 30	
30 ~ 80	0 ~ 150	25 ~ 30	25 ~ 35	30 ~ 40
	150 ~ 250	25 ~ 35		
	250 ~ 300	30 ~ 35	35 ~ 40	
> 80	0 ~ 150	35 ~ 40	35 ~ 40	35 ~ 45
	150 ~ 250	35 ~ 45		
	250 ~ 300	40 ~ 50	40 ~ 50	

图 5 – 9　工件设计标准

4）在"工件"对话框的"尺寸"中，双击需要编辑的尺寸位置，输入新的数值，回车。注意，"全部"列中的数据表示总和，由在同一行左侧输入的数据加上产品的尺寸，自动进行计算并圆整。编辑完成后，单击"确定"按钮，生成模仁（工件），如图 5 – 10 所示。

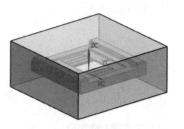

图 5 – 10　工件尺寸

操作步骤 7：设计型腔布局为一模一腔。

提示：

一模一腔表示一套模具每次注塑只能生产一个产品。

1）单击"型腔布局"命令，如图 5 – 11 所示。

图 5 – 11　型腔布局

2）单击"编辑布局"选项中的"自动对准中心"。

提示：

保证模具中心与模具坐标系的 Z 轴重合。

3）单击"关闭"按钮。

操作步骤 8：保存项目。

1）检查以下要点是否已经满足，然后单击"保存"命令。

①软件界面的标题是否为"NX – 建模 – 19MJ101_ top_ 000. prt"？□ 是　□ 否

②在"装配导航器"中，总装配"19MJ101_ top_ ＊＊＊"是否高亮？□ 是　□ 否，如图 5 – 12 所示。

图 5 - 12　装配导航

③在软件图形区中，是否已经单击了"正三轴测图（Home）"命令？□ 是　□ 否，如图 5 - 13 所示。

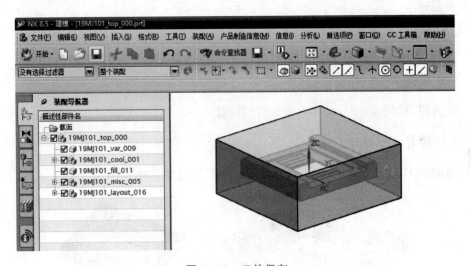

图 5 - 13　工件保存

学习反馈

1）是否检查了产品模型的尺寸与结构？　　　　　□ 是　　□ 否

2）是否检查了产品的拔模方向与角度？　　　　　□ 是　　□ 否

3）是否确认了产品的收缩率？　　　　　　　　　□ 是　　□ 否

4）是否能够根据经验值表选择设计模仁大小？　　□ 是　　□ 否

5）是否按要求保存模具项目？　　　　　　　　　□ 是　　□ 否

子任务5.2 分模设计

任务引入

将模仁分割得到型芯、型腔，使得塑件可以从模具中取出。

任务目标

知识目标

1）掌握分模线的设计标准；

2）学习补面的命令。

技能目标

1）能够根据产品的结构特点制定分模方案；

2）能够应用边缘修补命令完成补面设计；

3）能够应用分型工具完成产品的分模设计。

素养目标

1）培养学生的设计创新能力；

2）培养学生动脑、动手的积极性。

任务描述

制定分模方案，应用分型工具完成分模设计。

任务实施

引导问题1：请指出图5-14所示产品的型腔侧与型芯侧。

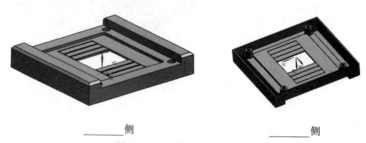

_____侧   _____侧

图5-14 型腔与型芯确定

引导问题2：请指出图5-15所示产品的主分型面。

图5-15 分型面确定

引导问题 3：请描出图 5 – 16 所示产品主分型面上的分型线。

图 5 – 16　分型面绘制

引导问题 4：请描出图 5 – 17 所示要补面的位置。

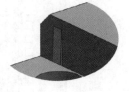

图 5 – 17　分型面补面

引导问题 5：请描出图 5 – 18 所示要补面的位置。

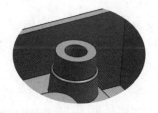

图 5 – 18　分型面补面位置 1

引导问题 6：请描出图 5 – 19 所示中间区域要补面的位置。

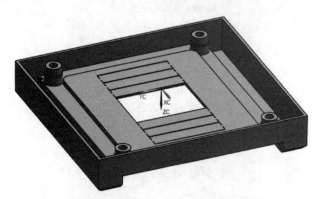

图 5 – 19　分型面补面位置 2

工作技能—分模设计

操作步骤 1：检查型芯、型腔区域。

1）单击"模具分型工具"命令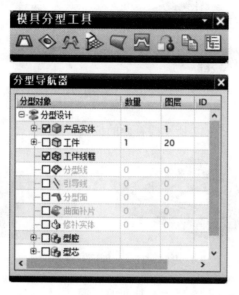，弹出"模具分型工具"和"分型导航器"，如图 5 - 20 所示。

图 5 - 20　模具分型工具

2）单击"分型导航器"右上角的"×"，将其暂时关闭。

3）单击"模具分型工具"栏上的"检查区域"命令。

提示：

软件自动选择了产品实体，并以工作坐标系的 +ZC 方向为脱模方向，如图 5 - 21 所示。

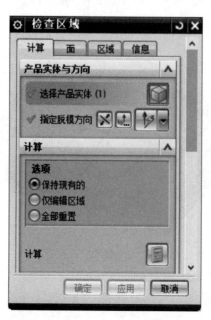

图 5 - 21　检查区域

4）单击"计算"的图标█，等待计算完成。

提示：

在软件的提示栏中有进度提示，完成后显示计算时间。

5）单击"区域"选项卡，"型腔区域"的数量为＿＿＿，"型芯区域"的数量为＿＿＿，"未定义的区域"数量为＿＿＿。

提示：

对于"未定义的区域"中的面，软件无法判断它属于型腔还是型芯，需要人工进行设置，如图5－22所示。

 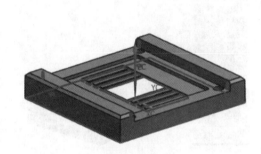

图5－22　区域显示

6）单击"设置区域颜色"图标█，将产品的型腔面、型芯面及分型线分别设置为橙色、蓝色和红色，如图5－23所示。

图5－23　设置区域颜色（附彩插）

7）检查区域定义情况："型腔区域"的数量为＿＿＿，"型芯区域"的数量为＿＿＿，"未定义的区域"数量为＿＿＿（必须为0）。

8）单击"确定"按钮，查看区域检查结果，如图5－24所示。

图5－24　区域检查结果

9）单击"保存（【Ctrl】+【S】)"命令。

操作步骤2：设计曲面补片（补面）。

╔══════════════╗
提示：
╚══════════════╝

除了主分型面外，橙色面与蓝色面之间的交线（分型线）均需要补面。补面也是分型面。

1）单击"曲面补片"命令 ◈。

2）"环选择"的"类型"为"移刀"，"选择边/曲线" ⬚ 为补面处的分型线（封闭曲线），在"环列表"会自动列出"环1"。再次单击"选择边/曲线" ⬚，选择下一处分型线，自动列出"环2"。依次类推，将所有需要补面处的分型线都选上，如图5-25所示。

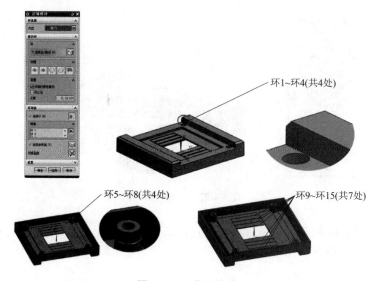

环1~环4(共4处)

环5~环8(共4处)   环9~环15(共7处)

图5-25   曲面补片

3）在"环列表"中选择所有环，单击"确定"按钮，完成曲面补片，如图5-26所示。

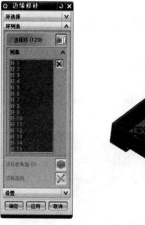
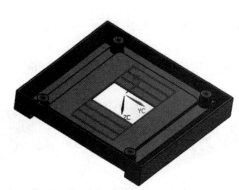

图5-26   曲面补片环列表

操作步骤3：定义区域，将型芯面、型腔面自动抽取到型芯、型腔部件。

单击"定义区域"命令 ⚙，检查区域中面的数量：未定义的面____个（必须为0）、型腔区域____个、型芯区域____个、新区域____个（必须为0）。在"设置"中勾选"创建区域""创建分型线"选项，单击"确定"按钮，如图5－27所示。

图5－27　定义区域

操作步骤4：创建分型面。

1）单击"设计分型面"命令 ▧。

提示：

软件在"创建分型面"中自动选择"有界平面"方法来创建分型面，如图5－28所示。

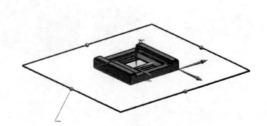

图5－28　创建分型面

2）单击"自动创建分型面"图标，单击"确定"按钮。

操作步骤 5：定义型腔和型芯。

提示：

软件自动将模仁、分型面等抽取到型腔、型芯部件，将分型面与型腔面（型芯面）缝合，修剪模仁后得到型腔、型芯的实体。

1）单击"定义型腔和型芯"命令。对话框中默认选择的片体是"型腔区域"，图形区中属于型腔区域的曲面将高亮显示（红色）。单击"应用"按钮，如图 5 - 29 所示。

图 5 - 29   定义型腔

2）在弹出的"查看分型结果"对话框中单击"确定"按钮，如图 5 - 30 所示。

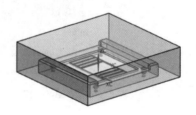

图 5 - 30   查看分型结果

3）在重新弹出的"定义型腔和型芯"对话框中选择"型芯区域"，单击"确定"按钮，如图 5 - 31 所示。

图 5 - 31   定义型腔和型芯

4）在弹出的"查看分型结果"对话框中单击"确定"按钮，如图 5 - 32 所示。

5）单击"模具分型工具"栏右上角的"×"，关闭工具栏，如图 5 - 33 所示。

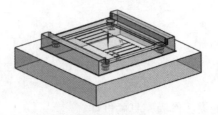

图 5－32　查看分型结果

图 5－33　模具分型工具

操作步骤6：返回总装配，查看型腔和型芯部件，并保存，如图 5－34 所示。

1）在"装配导航器"中，在"＊＊＊＿ parting＿ ＊＊＊"部件上单击鼠标右键，在弹出的菜单中选择"显示父项"，再选择"＊＊＊＿ top＿ ＊＊＊"。

2）在"装配导航器"中，在"＊＊＊＿ top＿ ＊＊＊"部件上双击鼠标左键，将该部件设置为工作部件。

3）单击"正三轴测图（Home）"命令。

4）单击"保存（【Ctrl】＋【S】）"命令。

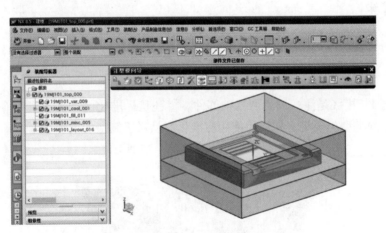

图 5－34　保存模具

学习反馈

1）是否能够判别产品的型芯侧与型腔侧？　　　　□ 是　　　□ 否

2）是否明白了型腔区域、型芯区域的含义？　　　□ 是　　　□ 否

3）是否理解了补面的作用？　　　　　　　　　　□ 是　　　□ 否

4）是否能够完成自动分模全过程？　　　　　　　□ 是　　　□ 否

5）是否按要求保存模具项目？　　　　　　　　　□ 是　　　□ 否

子任务5.3　选用模胚

任务引入

选择合适的模胚作为模具的框架。

任务目标

知识目标

1）了解模胚标准件厂商；

2）熟悉模胚各类型的使用范围；

3）了解模胚各组成部分。

技能目标

1）能够说出四大模具标准件厂商的名字；

2）能够陈述大水口模胚各板件的名称；

3）能够应用命令调用模胚，设置合理的模胚参数。

素养目标

1）培养学生的设计创新能力；

2）培养学生的安全意识。

任务描述

选择合适的模胚类型，设置合理的模胚参数。

任务实施

引导问题1：模胚是注塑模具的基础部件。模胚是标准化的产品，模具企业可按需要选择标准模胚的类型与规格。您认为使用标准化产品对于制造业的好处是＿＿＿＿＿＿＿＿＿＿＿＿
＿＿＿＿＿＿＿＿＿＿＿＿＿＿＿＿＿＿＿＿＿。如图5－35所示。

图5－35　模胚图示

引导问题2：模胚的主要制造商有龙记（LKM，中国香港）、富得巴（Futaba，日本）、DME（美国）、HASCO（德国）等。请在网络上搜索出这四个制造商的网址，并浏览模胚产品的供应情况。

龙记（LKM，中国香港）网址：＿＿＿＿＿＿＿＿＿＿＿＿＿＿＿＿＿＿＿＿＿＿。

富得巴（Futaba，日本）网址：＿＿＿＿＿＿＿＿＿＿＿＿＿＿＿＿＿＿＿＿。

DME（美国）网址：＿＿＿＿＿＿＿＿＿＿＿＿＿＿＿＿＿＿＿＿＿＿＿＿。

HASCO（德国）网址：＿＿＿＿＿＿＿＿＿＿＿＿＿＿＿＿＿＿＿＿＿＿＿。

引导问题3：模胚一般分为定模、动模两大部分。注塑定、动模会向定模运动，进行合模，然后注塑成型。当塑件凝固后，动模会离开定模，完成开模，从而取出塑件。

请在图5-36所示示意图"分离的模具"处标出定模、动模。

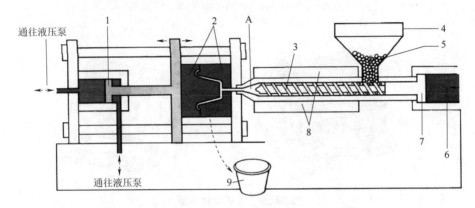

图5-36 注塑原理图示

1—开闭模具的活塞；2—分离的模具；3—螺杆；4—料斗；5—颗粒；6—来自液压泵的液体；
7—液压机活塞；8—加热器；9—成品

请在图5-37所示注塑机中标出安装定模和动模的位置。

图5-37 注塑机图示

引导问题4：以大水口C型模胚为例，定模由顶板、A（定模）板等组成，动模由B（动模）板、C板、底板、面针板、底针板、复位杆、导柱、导套等组成。

请在图5-38所示的模胚中标出定、动模。

引导问题5：当模具合模时，动模向定模移动，动模上的四根导柱将伸入到定模对应的导套中。您认为导柱导套的作用是＿＿＿＿＿＿＿＿＿＿＿＿＿＿＿＿＿。如图5-39所示。

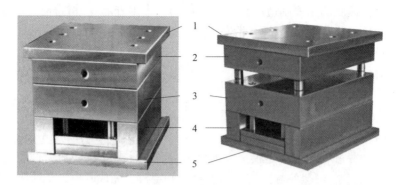

图 5 - 38　模板名称

1—顶板；2—A 板；3—B 板；4—C 板；5—底板

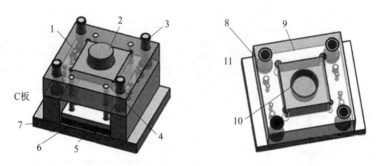

图 5 - 39　模具零件名称

1—B 板；2—型芯；3—导柱；4—复位杆；5—面针板；6—底针板；7—底板；
8—导套；9—A 板；10—型腔；11—顶板

引导问题 6： 请观察图 5 - 39，型腔安装在_____，型芯安装在_____（参考选项：定模、动模）。

引导问题 7： 请观察图 5 - 39，A 板上加工有一个矩形腔，用于安装型腔。您是否注意到矩形腔的 4 个尖角处分别钻了一个圆孔？□ 是　□ 否　您认为圆孔的作用是：_____

_____。

引导问题 8： 当模具开模后，注塑机将伸出一根圆柱形的顶棍（棕色），穿过底板（蓝色）的中心孔，推动顶针底板（土色）和顶针面板（暗红色）向定模侧移动。安装在顶针面板上的顶针（淡蓝色）将会把产品（红色）推出型芯。最上面一根顶针的上方有一根复位杆（暗红色）。请结合图 5 - 40，说明复位杆的作用是_____

_____。

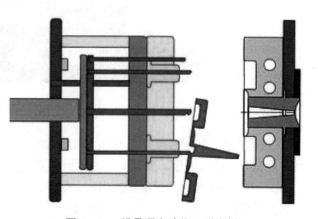

图 5 - 40　模具顶出动作（附彩插）

引导问题**9**：模胚的选用标准是：_____、_____、_____。

1）能选用标准模胚就不选非标模胚。标准模胚交货速度一般比非标模胚要快；标准模胚的价格一般要比非标模胚便宜。

2）能选用两板模，尽量不选用三板模。同样外形规格尺寸，两板模胚的成本比三板模胚的成本要低，生产稳定性要好，生产效率也会较高。

3）简化型三板模是为了实现定模部分的机构动作才选用的，能够用两板模的情况下，尽量不选用三板模。正常情况下，相同规格的简化型三板模胚的成本比两板模高，比三板模低。

4）模具结构简单的产品，一般情况下：对于小型模具，模胚的外形尺寸要在模仁最大外形尺寸上增加 50~60 mm；对于中型模具，模胚的外形尺寸要在模仁最大外形尺寸上增加 60~100 mm；对于大型模具，模胚的外形尺寸要在模仁最大外形尺寸上增加 100~200 mm。具体的设计尺寸还需要根据产品的结构确定并适当增减。

5）有滑块结构的产品，模胚外形尺寸要增大一个规格，确保滑块在模胚上的滑动距离。

6）根据客户对模具寿命和产品精度的要求，模胚选用材质硬度和加工精度更高，满足客户需求。

工作技能—设计模胚

操作步骤1：打开"模胚设计"对话框，选择供应商提供的类型。

1）单击"模胚"命令 **▤**。

2）单击"目录"下拉菜单，选择"LKM_ SG"，如图 5 –41 所示。

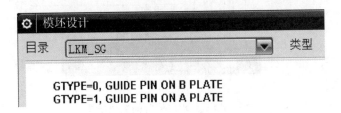

图 5 –41　模胚设计

①"目录"的下拉菜单中列出模胚四大厂商的产品。

②优先选用中国香港的龙记（LKM）。

③模胚类型有很多，最常用的模胚类型是大水口模胚，对应的龙记标识为"LKM_ SG"。

操作步骤2：在"类型"中选择"C"，如图 5 –42 所示。

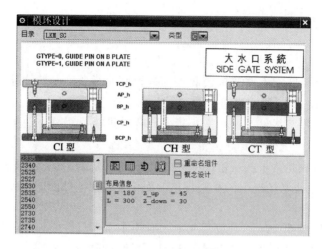

图 5 - 42　模胚类型选择

提示:

1）大水口模胚的主要结构如图 5 - 43 所示。

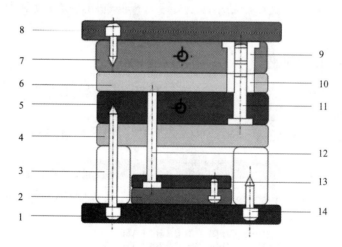

图 5 - 43　大水口模胚的主要结构

1—底板；2—底针板；3—方铁；4—托板；5—B 板；6—推板；7—A 板；
8—工字板；9—有托导套；10—直导套；11—导柱；
12—回针；13—面针板；14—螺钉

2）大水口模胚均由 A、B 板与不同的结构模板按一定顺序组配而成，主要分为四种类型：A、B、C、D。

您认为哪种类型的模胚最简单？_____（参考选项：A、B、C、D）

您是否觉得模胚的外观与"I"字母相似，与"工"字也相似？□ 是　□ 否

这种与"I"字母、"工"字相似的模胚，称为"工字模"，如图 5 - 44 所示。

操作步骤 3：选择模胚的规格，单击"应用"按钮，生成模胚，如图 5 - 45 所示。

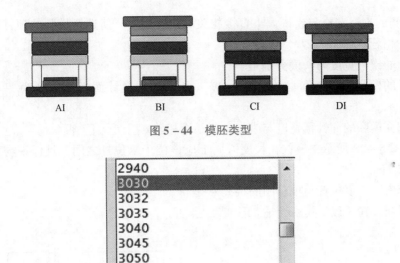

图 5-44　模胚类型

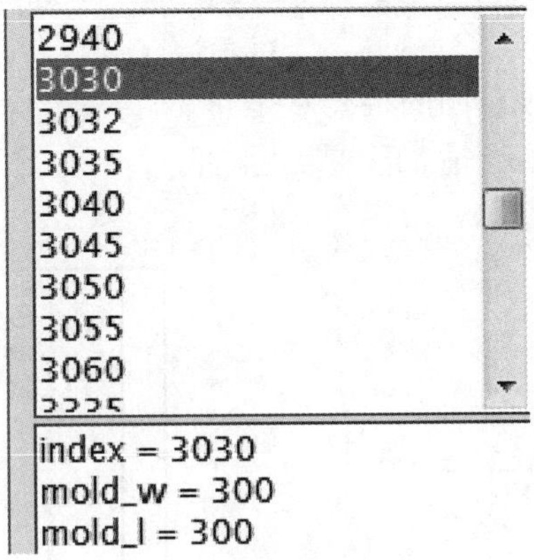

图 5-45　模胚大小选择

> **提示：**

1）一款模胚的规格为"3040"，宽度代号"30"表示在 X 方向上 A 板、B 板的宽度为 300 mm，长度代号"40"表示在 Y 方向上 A 板、B 板的长度为 400 mm，如图 5-46 所示。

图 5-46　模胚尺寸介绍

2）模胚的规格选择与模仁大小直接相关。根据经验，所选择模胚的顶针面板宽度应与模仁宽度相若。

所设计的模仁宽度与长度分别是_____、_____。

所选择的模胚中，查询参数"EF_ W"可以得到顶针面板的宽度为_____，如图 5 - 47 所示。

您所选择模胚的面针板宽度与模仁宽度是否相若？□ 是　□ 否

3）如图 5 - 48 所示，模仁在长度方向上应该位于复位杆之间，且保证与复位杆距离 C 为 10 ~ 15 mm。

所选择模胚，复位杆与模仁间的距离 C 是_____。

所选择模胚在长度上是否合适？□ 是　□ 否

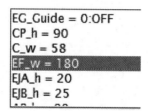

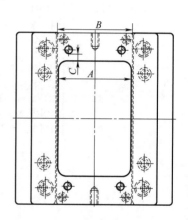

图 5 - 47　顶针面板尺寸设计　　　　　图 5 - 48　顶针面板与模仁关系

操作步骤 4：在参数"Mold_ type"下拉菜单中选择"350: I"，单击"应用"按钮，如图 5 - 49 所示。

图 5 - 49　参数设计

提示：

1）"350: I"中的字母"I"，表示此为"工字模"。

2）"350: I"中的数字"350"，表示顶板、底板的宽度为 350 mm。

3）顶板、底板比 A 板、B 板的宽度尺寸大，凸出部分用于安装在注塑机上，如图 5 - 50 所示。

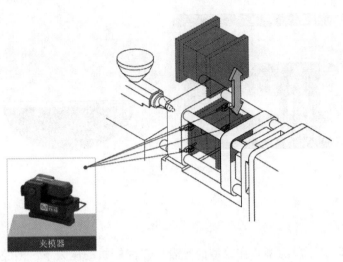

夹模器

图 5-50　模胚与注塑机的关系

操作步骤5：在 A 板厚度参数"AP_ h"、在 B 板厚度参数"BP_ h"中选择相应的厚度值，单击"应用"按钮。

提示：

1）按经验，A 板的厚度 = 型腔厚度 + 模胚规格中的宽度代号，往整十取整。

设计的型腔厚度是_____。

选择的模胚规格是_____，宽度代号是_____。

请计算 A 板的厚度 = _____。

2）按经验，B 板的厚度 = 型芯在分型面下方的厚度 + 模胚规格中的长度代号，往整十取整。

设计型芯在分型面下方的厚度是_____。

选择的模胚规格是_____，长度代号是_____。

请计算 B 板的厚度 = _____。

操作步骤6：设置参数"fix_ open""move_ open"均为"0.5"，如图 5-51 和图 5-52 所示。

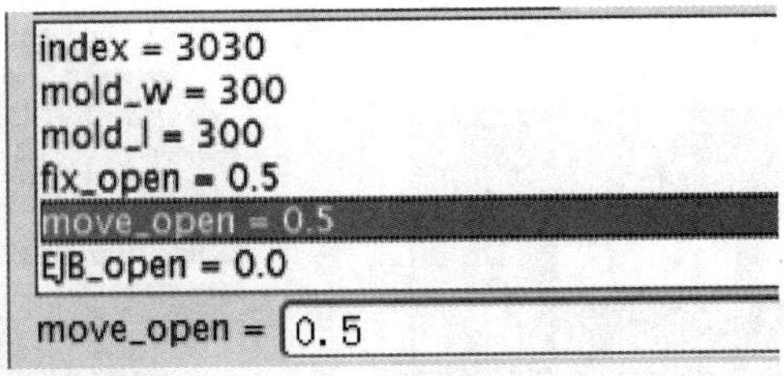

```
index = 3030
mold_w = 300
mold_l = 300
fix_open = 0.5
move_open = 0.5
EJB_open = 0.0

move_open = [ 0.5
```

图 5-51　分型面间隙设计

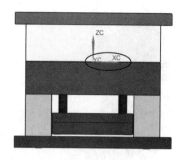

图 5 - 52　分型面间隙图示

> **提示：**

1）在合模时，型腔与型芯在分型面重合。在注塑机的压力下，型腔与型芯紧紧地贴合在一起。您认为这种紧密的贴合是否必要？□ 是 □ 否　为什么？_____。

2）在合模时，并不要求 A 板与 B 板贴合，而是故意让着两块板分开 1 mm，即各自从分型面离开 0.5 mm，这样可以简化模具制造与装配工艺。

```
index = 3030
mold_w = 300
mold_l = 300
fix_open = 0.5
move_open = 0.5
EJB_open = -5

EJB_open = -5
```

图 5 -53　顶针板参数设计

操作步骤 7：设置参数"EJB_ open"为"- 5"，将底针板往 + Z 方向离开底板 5 mm，如图 5 - 53 所示。

> **提示：**

1）为了避免合模时定模与动模发生碰撞，顶针底板必须带着顶针复位到正确位置。

2）在实际的生产中，底针板与底板之间可能会有碎屑进入，从而导致顶针底板不能复位到正确位置。

3）模具设计时，可以在复位杆正下方添加垃圾钉，将顶针底板往 + Z 方向顶开 5 mm。这样即使有碎屑进入到顶针底板与模具底板之间，也不会妨碍复位，如图 5 - 54 所示。

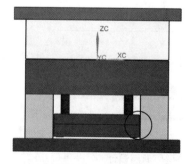

图 5 -54　顶针板间隙图示

操作步骤 8：单击"确定"按钮，生成模胚，如图 5 -55 所示。

请在图 5－55 中标出以下零件，并完成填空：

（1）顶板（厚度＿＿＿）、A 板（厚度＿＿＿）、B 板（厚度＿＿＿）、C 板（厚度＿＿＿）、面针板（厚度＿＿＿）、底针板（厚度＿＿＿）、底板（厚度＿＿＿）。

（2）导柱（外径＿＿＿）、导套（外径＿＿＿）、复位杆（直径＿＿＿）。

（3）顶板与 A 板之间的连接螺钉：M ＿×＿，共＿＿＿个。

（4）面针板与底针板之间的连接螺钉：M ＿×＿，共＿＿＿个。

（5）底板与 C 板之间的连接螺钉：M ＿×＿，共＿＿＿个。

（6）底板与 B 板之间的连接螺钉：M ＿×＿，共＿＿＿个。

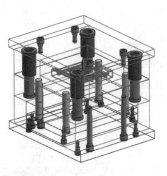

图 5－55 模胚图示

操作步骤 9： 添加垃圾钉，将顶针底板与模胚底隔开 5mm。

1）单击"标准件库"命令 。

2）在"文件夹视图"中双击"DME_ MM"，在展开的列表中选择"Stop Buttons"，如图 5－56 所示。

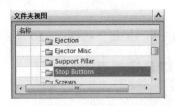

图 5－56 标准件管理

3）在"成员视图"中选择"Stop Pin（SB）"，如图 5－57 所示。

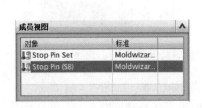

图 5－57 垃圾钉设计

4）在"放置"中单击"选择面或平面"，选择模胚底针板的底面（可以暂时隐藏模胚底板），如图 5 – 58 所示。

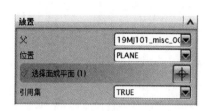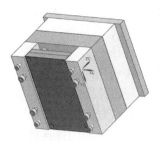

图 5 – 58　垃圾钉位置设计

5）在"详细信息"中设置参数，如图 5 – 59 所示。

直径："DIAMETER = 16"。

高度："HEIGHT = 5"。

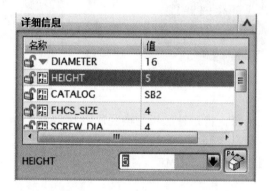

图 5 – 59　垃圾钉尺寸设计

6）单击"应用"按钮，如图 5 – 60 所示。

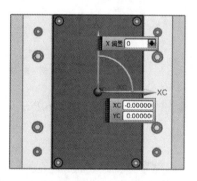

图 5 – 60　垃圾钉位置图示

7）将视图旋转至能看到复位杆与面针板的位置，如图 5 – 61 所示。

8）选择面针板上与复位杆相邻的孔边缘（自动捕捉圆心），如图 5 – 62 所示。

9）单击"应用"按钮。

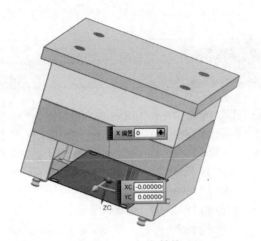

图 5 – 61　视角转换

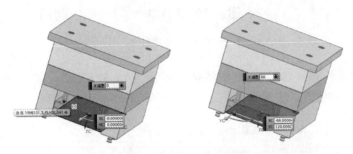

图 5 – 62　确认垃圾钉位置图示

如果出现错误提示，则在添加完所有垃圾钉后，按以下步骤处理：

①在"装配导航器"中，展开直至子装配"＊＊＊_ STOP_ PAD_ ＊＊＊"，如图 5 – 63 所示。

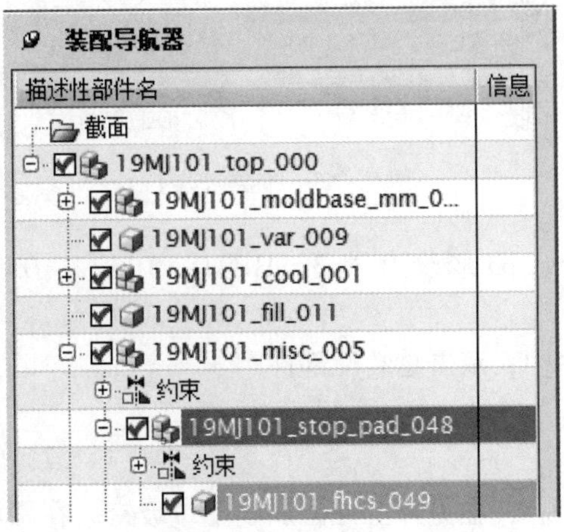

描述性部件名	信息
截面	
☑ 19MJ101_top_000	
☑ 19MJ101_moldbase_mm_0...	
☑ 19MJ101_var_009	
☑ 19MJ101_cool_001	
☑ 19MJ101_fill_011	
☑ 19MJ101_misc_005	
约束	
☑ 19MJ101_stop_pad_048	
约束	
☑ 19MJ101_fhcs_049	

装配导航器

图 5 – 63　垃圾钉装配导航

②双击螺钉部件"＊＊＊_ fhcs_ ＊＊＊"，将它设置为工作部件，如图 5 - 64 所示。

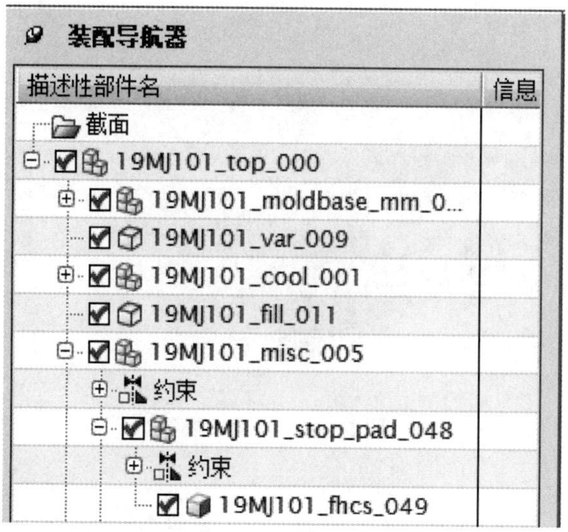

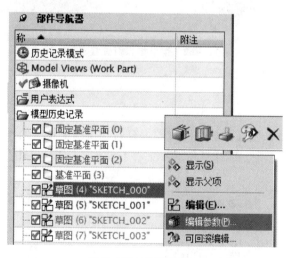

图 5 - 64　选择零件

③切换到"部件导航器"，在草图特征"草图（4）SKETCH_ 000"上单击右键，选择"编辑参数"，如图 5 - 65 所示。

图 5 - 65　参数修改 1

④在参数列表中，公式 p3 修改为"p3 = HEAD_ DIA/2 - 0.5"，单击"确定"按钮，如图 5 - 66 所示。

⑤在"装配导航器"中，双击总装配部件"＊＊＊_ top_ ＊＊＊"，将它设置为工作部件。

⑥单击"保存"命令。

10）重复步骤 7）至 9），在另外三处添加 3 个垃圾钉。在添加最后一个垃圾钉时，在"标准件位置"对话框中单击"确定"按钮，如图 5 - 67 所示。

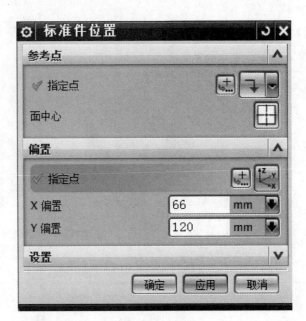

图 5 – 67　位置修改 1

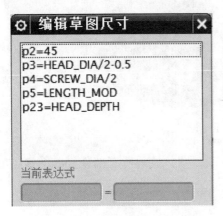

图 5 – 66　参数修改 2

11）在重新弹出的"标准件管理"对话框中单击"取消"按钮，如图 5 – 68 所示。

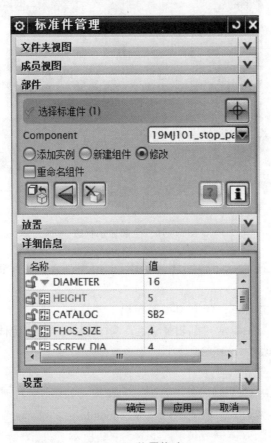

图 5 – 68　位置修改 2

12）将视图旋转至能看到底针板的位置，观察已添加的 4 个垃圾钉，如图 5 - 69 所示。

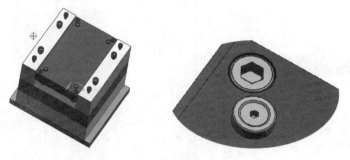

图 5 - 69　结果显示

13）单击"全部显示（【Ctrl】+【Shift】+【U】）"命令，显示所有部件，如图 5 - 70 所示。

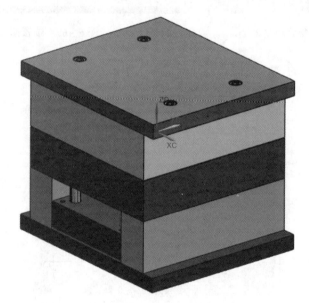

图 5 - 70　全部显示状态

操作步骤 10：创建一个长方体实体（腔体），用于在 A 板、B 板上做出安装型腔、型芯的空间。

1）单击"布局"命令 ⬚，弹出"型腔布局"对话框。

2）在"编辑布局"中单击"编辑插入腔" ▣，弹出"插入腔体"对话框。

3）设置参数：R = 5，type = 2。

4）单击"确定"按钮。

5）在"型腔布局"对话框中单击"关闭"按钮，如图 5 - 71 所示。

6）在"装配导航器"中，单击"***_ moldbase_ ***"部件前的红钩，将模胚隐藏，观察所创建的长方体（腔体），如图 5 - 72 所示。

 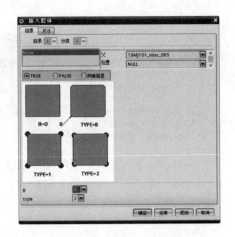

图 5 – 71　型腔布局

 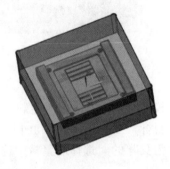

图 5 – 72　隐藏模胚

7）在"装配导航器"中，单击"＊＊＊_ layout_ ＊＊＊"部件前的红钩，将布局隐藏，观察所创建的长方体（腔体），如图 5 – 73 所示。

图 5 – 73　确认腔体 1

8）在"装配导航器"中，单击"＊＊＊_ moldbase_ ＊＊＊"和"＊＊＊_ layout_ ＊＊＊"部件前的灰钩，将模胚、布局重新显示，如图 5 – 74 所示。

操作步骤 11：使用长方体实体（腔体）在 A 板、B 板上创建安装空间，用于放置型芯和型腔，如图 5 – 75 所示。

图 5 – 74　显示模胚

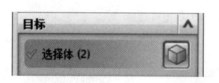

图 5 – 75　创建腔体 1

1）单击"腔体"命令。

2）在"模式"中选择"减去材料"。

3）在"目标"中选择 A 板和 B 板。

4）在"刀具"的"选择对象"中选择长方体（腔体），如图 5 – 76 所示。

图 5 – 76　创建腔体 2

5）单击"确定"按钮。

6）鼠标左键单击 A 板，再单击鼠标右键，在菜单中选择"设为显示部件"，如图 5 – 77 所示。

7）旋转观察 A 板，已经创建了一个矩形腔，用于放置型腔实体，如图 5 – 78 所示。

8）在"装配导航器"中，右键单击" ＊ ＊ ＊ ＿ a ＿ plate ＿ ＊ ＊ ＊ "，选择"显示父项"，再选择" ＊ ＊ ＊ ＿ top ＿ ＊ ＊ ＊ "，将其设置为显示部件，如图 5 – 79 所示。

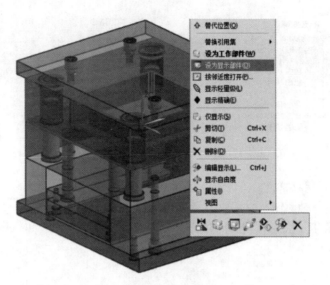

图 5 - 77　创建腔体 3

图 5 - 78　确认腔体 2

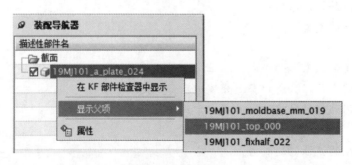

图 5 - 79　显示部件

9）在"装配导航器"中，双击总装配部件"＊＊＊_ top_ ＊＊＊"，使其成为工作
部件，如图 5 - 80 所示。

图 5 – 80　设定工作部件

操作步骤 12：保存部件。

1）单击"正三轴测图（Home）"命令。

2）单击"保存（【Ctrl】+【S】)"命令。

学习反馈

1）是否记得四个模胚主要制造商的名称？　　　□ 是　　　□ 否

2）是否能够说出模胚各个板件的名称？　　　　□ 是　　　□ 否

3）是否理解导柱导套、复位杆的作用？　　　　□ 是　　　□ 否

4）是否能够完成模胚的调用与参数修改？　　　□ 是　　　□ 否

5）是否按要求保存模具项目？　　　　　　　　□ 是　　　□ 否

子任务 5.4　设计浇注系统

任务引入

设计定位环、浇口套、分流道、浇口，将塑料从注塑机注射到型腔中。

任务目标

知识目标

1）浇注系统的组成；

2）浇注系统的设计原则；

3）流道形状的类型。

技能目标

1）能够描述浇注系统的组成；

2）能够说明定位环、浇口套、分流道和浇口的作用；

3）能够应用注塑模向导，完成浇注系统的设计。

素养目标

1）培养学生的设计创新能力；

2）培养学生节省成本的意识。

任务描述

制定浇注成型方案，完成浇注系统设计。

任务实施

引导问题 1：浇注系统是指模具中由注塑机喷嘴到型腔之间的进料通道。在图 5 - 81 所示喷嘴与模具图中，描出浇注系统。

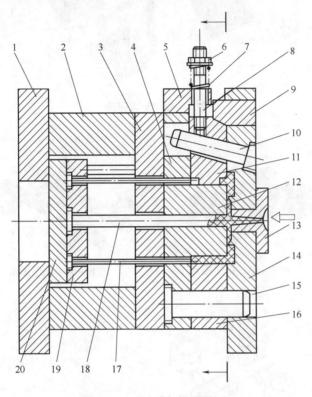

图 5 - 81　喷嘴与模具图示

1—底板；2—C 板；3—垫板；4—B 板；5—支座；6—螺母；7—弹簧；
8—螺栓；9—楔紧块；10—斜导柱；11—侧型芯；12—型芯；13—浇口套；
14—顶板；15—导柱；16—A 板；17—顶针；18—拉料杆；
19—顶针面板；20—顶针底板

提示：

图 5 - 81 中右侧的箭头表示注塑机喷嘴。

引导问题 2：普通浇注系统一般是由主流道、分流道、浇口、冷料井 4 部分组成，如图 5 - 82 所示。

请在图 5 - 83 和图 5 - 84 中标注出浇注系统的组成部分。

引导问题 3：主流道一般位于模具中心线上，与注塑机射嘴的轴线重合。主流道的尺寸必须恰当。您认为主流道需要标注什么尺寸？请在图 5 - 85 中标出。

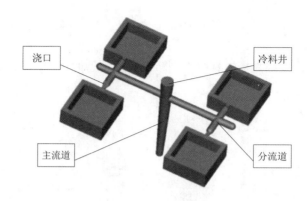

图 5 – 82　流道图示

图 5 – 83　流道图示 1

图 5 – 84　流道图示 2

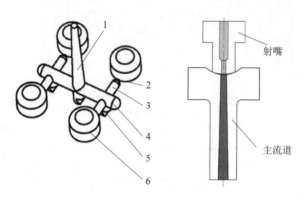

图 5 – 85　主流道图示

1—主流道；2—浇口；3—二级分流道；4——级分流道；5—冷料穴；6—塑件

提示：

1）主流道需要设计成锥角为 2°~6° 的圆锥形，表面粗糙度 $Ra \leqslant 0.8\ \mu m$。

2）主流道长度由定模部分的模板厚度确定。

3）主流道小端直径 D 一般取 3~6 mm。

4）主流道的长度应尽量小于 60 mm。

引导问题 4：冷料穴用于防止最先注入模具的、可能已经凝固的料头进入模具型腔。您认为料头进入到模具中，会对注塑成型过程有什么影响?

引导问题 5：分流道为连接主流道和浇口的进料通道，起分流和转向的作用。请在图 5 – 86 中标出分流道。

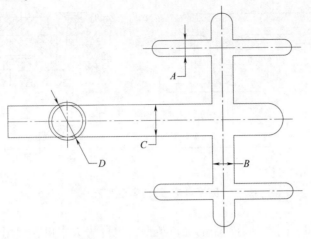

图 5 – 86　分流道图示

分流道可以有很多的次分流道，图 5 – 86 所示通过字母表示相关尺寸，以圆形分流道为例，分流道之间的尺寸关系可参考表 5 – 2。

表 5 – 2　分流道与壁厚之间的参考关系　　　　　　　　　　　　　　　mm

分流道尺寸　＼　壁厚 T	黏度	A	B	C	D
	低黏度	T + 1	T + 1.5	T + 2	最大大于 C，最小大于 A
	高黏度	T + 2	T + 3	T + 4	
注意：D 为主流道的尺寸，最小尺寸要满足与注塑机射嘴对应的尺寸规格					

引导问题 6：常用的分流道截面形状为圆形、梯形、U 形、半圆形及矩形等。其中，圆形流道热量损失小，流道效率最高。热量损失小意味着＿＿＿＿＿＿＿＿＿＿＿＿＿＿＿＿＿＿＿＿＿＿＿＿＿。如图 5 – 87 所示。

分流道中的流道截面形状主要分为三种，即圆形、半圆形和 U 形，U 形流道侧面一般为 10 ~ 20 ℃的脱模斜度，如图 5 – 87 所示。

1）U 形截面：制造简便，面积比圆形流道多，常用。

2）半圆形截面：压力和热量损失较大，效率低，较少使用。

3）圆形截面：流道形状效率较高，冷料少，常用。

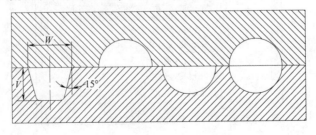

图 5 – 87　分流道形状

引导问题7：浇口是连接分流道与型腔的熔体通道。浇口是浇注系统中最关键的部分。按浇口位置可分为中心浇口与边缘浇口。试判断图 5–88 所示浇口分别属于哪种类型。

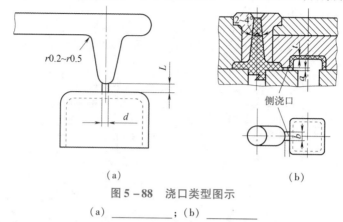

图 5–88　浇口类型图示

（a）_____；（b）_____

引导问题8：侧浇口是常用的浇口类型，也称为大水口，常用于中小型塑件的多型腔注塑模。侧浇口易于加工，便于试模后修正，浇口去除方便；在产品的外表面留有浇口痕迹，如图 5–89 所示。

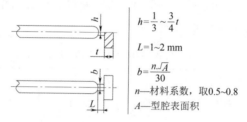

图 5–89　浇口设计标准

工作技能

设计浇注系统。

操作步骤1：添加定位环。

1）单击"标准件库"命令 ![icon]。

2）在"文件夹视图"中选择企业名称"MISUMI"，如图 5–90 所示。

图 5–90　标准件

3）在展开的列表中选择"Locate Rings"，如图 5 – 91 所示。

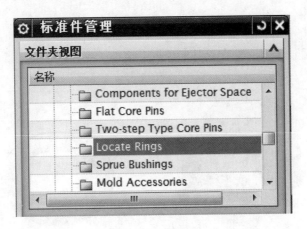

图 5 – 91　定位圈

4）在"成员视图"中选择对象"LRBS"，如图 5 – 92 所示。

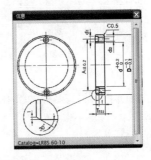

图 5 – 92　定位圈图示

5）在"放置"中，"父"为"＊＊＊_ misc_ side_ a_ ＊＊＊"。

6）在"详细信息"中设置参数，如图 5 – 93 所示。

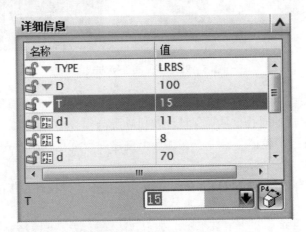

图 5 – 93　定位圈规格

类型："TYPE = LRBS"。

直径："D = 100"。

厚度："T = 15"。

7）单击"确定"按钮，则在模胚的顶板上添加了定位环，如图5-94所示。

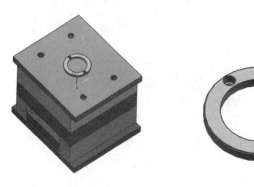

图5-94　定位环安装位置

8）测量定位环的相关参数：外径 D 为_____，内径 d _____为，厚度 T 为_____，沉孔中心距为_____，沉孔中通孔的直径为_____，定位环高出顶板的距离为_____。

提示：

①定位环通过螺钉安装在顶板的沉孔中，如图5-95所示。

图5-95　定位圈连接方式

②注塑机的定模固定板上有一个通孔，用于与定位环配合。当模具吊装到注塑机时，定位环插入定模固定板的通孔，从而保证注塑机喷嘴与模具中心同轴，如图5-96所示。

操作步骤2： 通过"腔体"命令，在顶板上创建一个沉孔，用来安装定位环。

1）单击"腔体"命令 。

2）"模式"设置为"减去材料"。在"目标"选项中选择模胚顶板的实体，如图5-97所示。

3）在"刀具"选项中，"工具类型"默认为"组件"，"选择对象"为定位环，如图5-98所示。

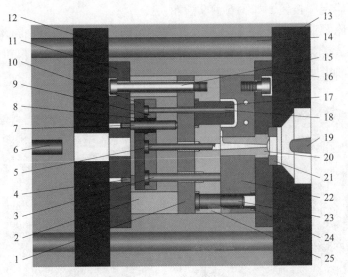

图 5-96　定位圈的作用

1—支承板；2—垫块；3—复位杆；4—限位钉；5—拉料杆；6—顶出杆；
7—推板导柱；8—推板导套；9—推杆固定板；10—推杆垫板；11—动模座板；
12—动模固定板；13—定模固定板；14—拉杆；15—螺栓；16—定模座板；
17—型芯；18—推杆；19—喷嘴；20—浇口套；21—定位环；
22—定模板；23—导柱；24—导套；25—动模板

图 5-97　选择模胚顶板

图 5-98　选择定位环

4）单击"确定"按钮，如图 5 – 99 所示。

5）单击"隐藏（【CTRL】+【B】）"（菜单→编辑→显示和隐藏→隐藏）命令。

6）在"类选择"对话框中，选择定位环的实体，单击"确定"按钮。观察模胚顶板上新创建的孔，如图 5 – 100 所示。

图 5 – 99　创建孔　　　　　　　　　　图 5 – 100　确认效果

7）单击"全部显示（【CTRL】+【SHIFT】+【U】）"（菜单→编辑→隐藏→全部显示）命令，显示所有部件。

操作步骤 3：添加两个螺钉，将定位环固定在模胚顶板上。

1）单击"标准件库"命令 。

2）在"文件夹视图"中选择"DME_ MM"，在展开的列表中选择"Screw"，如图 5 – 101 所示。

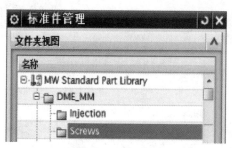

图 5 – 101　标准件管理

3）在"成员视图"中选择"SHCS [Manual]"，如图 5 – 102 所示。

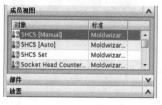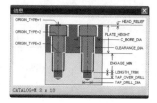

图 5 – 102　螺钉设计

4）在"放置"中，"父"为"＊＊＊＿ misc＿ side＿ a＿ ＊＊＊"，"选择面或平面"为定位环沉孔的环面（红色处），如图 5 – 103 所示。

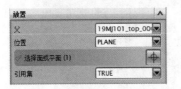

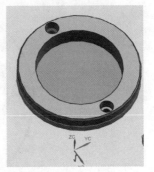

图 5 – 103　螺钉装配面

5）在"详细信息"中设置参数，如图 5 – 104 所示。

螺纹直径："SIZE ＝6"。

定位方式："ORIGIN＿ TYPE ＝2"。

螺钉长度："LENGTH ＝18"。

放置模侧："SIDE ＝ A"。

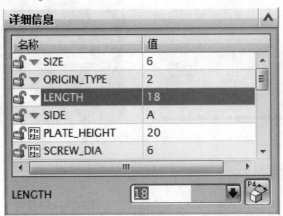

图 5 – 104　螺钉长度设计

6）单击"确定"按钮，如图 5 – 105 所示。

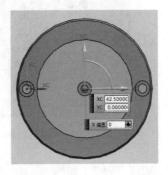

图 5 – 105　螺钉位置设计

7）选择环面的圆心，如图 5 – 106 所示。

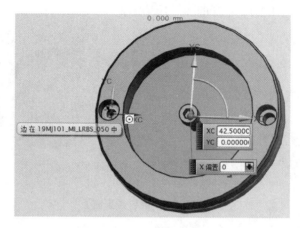

图 5 – 106　螺钉装配

8）单击"应用"按钮，如图 5 – 107 所示。

图 5 – 107　螺钉装配效果

9）选择另一个沉孔的圆心，如图 5 – 108 所示。

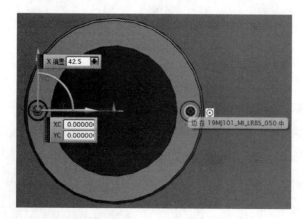

图 5 – 108　螺钉装配 2

10）单击"确定"按钮，如图 5 – 109 所示。

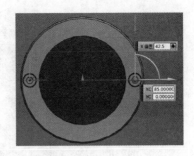

图 5 - 109　螺丝装配 2

11）在装配导航器中，单击模胚（＊＊＊＿ moldbase＿ ＊＊＊）与布局（＊＊＊＿ layout＿ ＊＊＊）前面的红钩☑，隐藏模胚与布局，观察定位环与螺钉。观察结束后，单击这两个部件前面的灰钩☑，重新显示模胚与布局，如图 5 - 110 所示。

图 5 - 110　确认装配效果

操作步骤 4：通过"腔体"命令，在顶板上创建螺纹孔，用于锁住定位环。

1）单击"隐藏（【Ctrl】+【B】）"（菜单→编辑→显示和隐藏→隐藏）命令。

2）在"类选择"对话框中选择定位环的实体，如图 5 - 111 所示。

图 5 - 111　隐藏定位环

3）单击"确定"按钮，如图 5 - 112 所示。

4）单击"腔体"命令。

5）"模式"设置为"减去材料"，如图 5 - 113 所示。

图 5 – 112   隐藏定位环效果

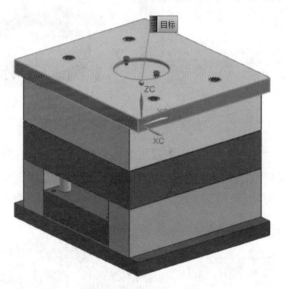

图 5 – 113   选择腔体

6）在"目标"中选择面板实体，如图 5 – 114 所示。

图 5 – 114   选择面板

7）在"刀具"中，"工具类型"默认为"组件"，"选择对象"为两个螺钉，如图 5 – 115 所示。

8）单击"确定"按钮。

9）单击"隐藏（【Ctrl】+【B】）"（菜单→编辑→显示和隐藏→隐藏）命令。

10）在"类对象"对话框中选择两个螺钉实体，单击"确定"按钮，如图 5 – 116 所示。

图 5 –115　选择刀具

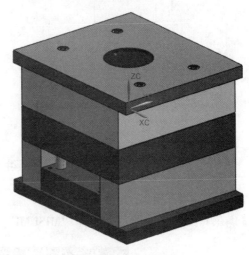

图 5 –116　选择螺钉实体

11）通过"旋转""缩放"等图形显示命令，观察顶板部件上的两个螺纹孔，如图 5 – 117 所示。

图 5 –117　效果确认

12）单击"全部显示（【Ctrl】+【Shift】+【U】）"（菜单→编辑→隐藏→全部显示）命令，显示所有部件。

操作步骤 5：设计浇口套（主流道衬套）。

提示：

主流道的形成，不能直接在各个板上分别钻孔得到，必须在一个圆柱形零件（浇口套）的轴线上钻孔，再将浇口套装到模具上。浇口套轴线上的孔就是主流道。这样，浇口套可以做成标准件，实现随时更换，如图 5 – 118 所示。

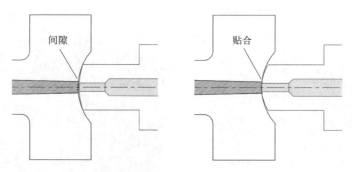

图 5 – 118 主流道标准件

1）单击"标准件库"命令 。

2）在"文件夹视图"中选择"MISUMI"，如图 5 – 119 所示。

图 5 – 119 标准件

3）单击"MISUMI"前面的" + "号，展开标准件列表。

4）在列表中单击"Sprue Bushings"，如图 5 – 120 所示。

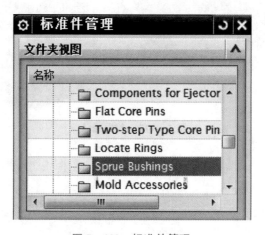

图 5 – 120 标准件管理

5）在"成员视图"中选择"SBBH，SBBT，SBBHH，SBB…"，如图 5 – 121 所示。

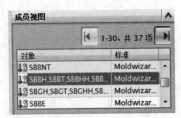
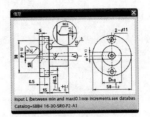

图 5 – 121　标准件设计

6）在"放置"中，"父"设置为"＊＊＊_ misc_ side_ a_ ＊＊＊"。

7）在"详细信息"中设置参数，如图 5 – 122 所示。

类型："TYPE = SBBH"。

直径："D = 16"。

开口直径："P = 3.5"。

球窝半径："R = 20"。

锥角："A = 1"。

长度："L = 70"。

详细信息	
	值
Type	SBBH
D	16
SR	20
P	3.5
A	1
L	70

图 5 – 122　标准件长度

8）单击"确定"按钮。

9）在"装配导航器"中，单击模胚（＊＊＊_ moldbase_ ＊＊＊）与布局（＊＊＊_ layout_ ＊＊＊）前面的红钩☑，隐藏模胚与布局，观察浇口套。观察结束后，单击这两个部件前面的灰钩☑，重新显示模胚与布局，如图 5 – 123 所示。

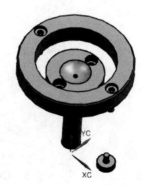

图 5 – 123　显示模胚

操作步骤6：调整浇口套长度。

1）在"装配导航器"中，单击部件"＊＊＊_ moldbase_ ＊＊＊"前面的红钩，隐藏模胚，如图5－124所示。

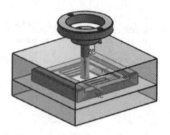

图5－124　隐藏模胚

2）单击"隐藏（【Ctrl】+【B】）"命令，选择定位环及螺钉、型腔、垃圾钉等部件，单击"确定"按钮，如图5－125所示。

图5－125　隐藏配件

3）确保图形窗口中只留下浇口套、型芯两个部件，如图5－126所示。

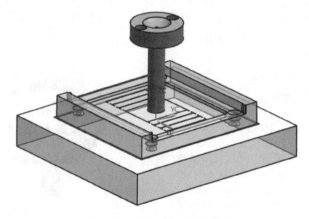

图5－126　浇口套与模仁图示

4）测量浇口套凸台底面到型芯中间那个补面间的距离为"74.6510"，如图 5 – 127 所示。

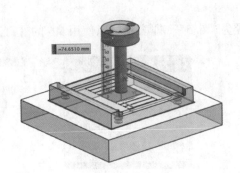

图 5 – 127　测量尺寸

5）单击"标准件库"命令 。

6）在"部件"中，"选择标准件（1）"为浇口套，如图 5 – 128 所示。

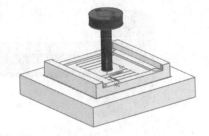

图 5 – 128　标准件管理

7）在"详细信息"的参数"L"中输入"74.6510"，如图 5 – 129 所示。

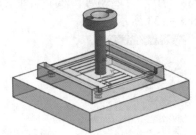

图 5 – 129　修改尺寸

8）单击"确定"按钮。

操作步骤 7： 使用两个螺钉固定浇口套。

1）单击"隐藏（【Ctrl】+【B】）"（菜单→编辑→显示和隐藏→隐藏）命令，选择型芯部件，单击"确定"按钮，如图 5 – 130 所示。

2）单击"简单直径" （菜单→分析→测量→简单直径）命令。

3）选择浇口套上沉孔中的通孔，测得通孔的直径为"6.5"。

图 5 – 130　显示浇口套

提示：

通孔的直径为"6.5"，即表示可以使用 M6 的螺钉固定浇口套，如图 5 – 131 所示。

图 5 – 131　确认浇口套尺寸

4）单击"编辑工作截面（【Ctrl】+【H】）"命令 📷，显示浇口套的 XZ 截面，如图 5 – 132 所示。

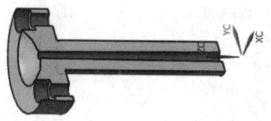

图 5 – 132　显示浇口套截面

5）单击"测量距离"命令，"类型"为"投影距离"，在"矢量"中选择 + Z 方向，在"起点""终点"中分别选择通孔两个端面的圆心，测得通孔长度为"8.5"。单击"确定"按钮，如图 5 – 133 所示。

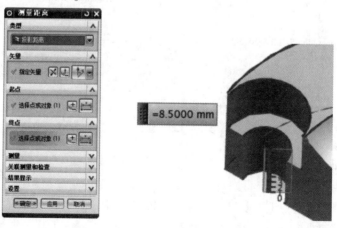

图 5 – 133　测量孔高

6）单击"标准件库"命令 🔩。

7）在"文件夹视图"中选择"DME_ MM"，在展开的列表中选择"Screw"，如图 5 – 134 所示。

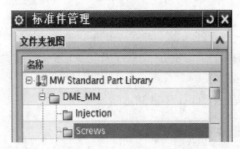

图 5-134　标准件管理

8）在"成员视图"中选择"SHCS［Manual］"，如图 5-135 所示。

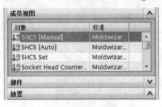
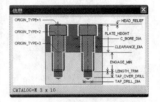

图 5-135　螺钉设计

9）在"放置"中，"父"选择"＊＊＊_ misc_ side_ a_ ＊＊＊"，"选择面或平面"为浇口套沉孔的环面（红色），如图 5-136 所示。

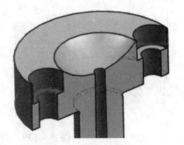

图 5-136　螺钉放置面

10）在"详细信息"中设置参数，如图 5-137 所示。

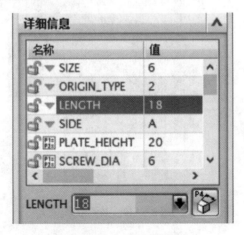

图 5-137　螺钉参数

螺纹直径："SIZE = 6"。

安装方式："ORIGIN_ TYPE = 2"。

螺钉长度："LENGTH = 18"（提示：螺钉长度 = 1.5 × 螺纹大径 ＋ 通孔长度）。

安装模侧："SIDE = A"。

11）单击"确定"按钮，如图 5 – 138 所示。

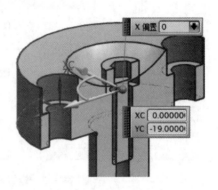

图 5 – 138　螺钉定位

12）选择环面的圆心，如图 5 – 139 所示。

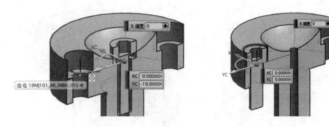

图 5 – 139　螺钉装配

13）单击"应用"按钮，如图 5 – 140 所示。

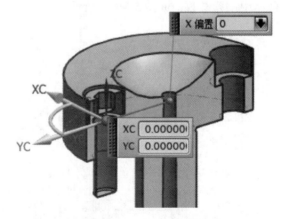

图 5 – 140　装配效果

14）选择另一个沉孔环面的圆心，如图 5 - 141 所示。

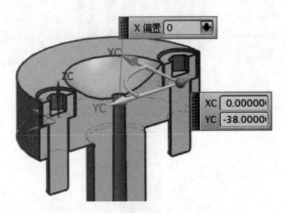

图 5 - 141　装配圆心

15）单击"确定"按钮，如图 5 - 142 所示。

图 5 - 142　装配效果

16）单击"视图"工具栏上"剪切工作截面"的开关命令，关闭截面显示，如图 5 - 143 所示。

17）在"装配导航器"中，单击"截面"前面的红钩，隐藏蓝色截面线，如图 5 - 144 所示。

18）单击"全部显示（【Ctrl】+【Shift】+【U】）"命令，显示所有部件。

19）单击"正三轴测图（Home）"命令，并保存。

操作步骤 8： 使用浇口套、螺钉对顶板、A 板、型腔求腔。

1）单击"隐藏（【Ctrl】+【B】）"（菜单→编辑→显示和隐藏→隐藏）命令。

2）在"类选择"对话框中，选择浇口套、两个螺钉、顶板、A 板、型腔。

3）单击"确定"按钮，如图 5 - 145 所示。

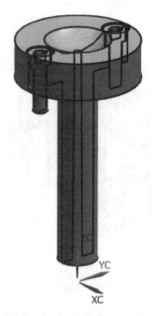

图 5 – 143　装配截面

图 5 – 144　取消截面

图 5 – 145　隐藏零件

4) 单击"反转显示与隐藏（【Ctrl】+【Shift】+【B】）"（菜单→编辑→显示和隐藏→隐藏）命令，将浇口套、两个螺钉、顶板、A 板、型腔显示出来，如图 5 – 146 所示。

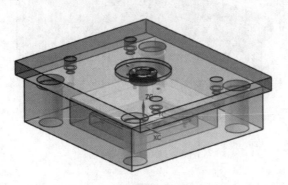

图 5 – 146　显示模具配件

5) 单击"腔体"命令 。

6) "模式"设置为"减去材料"。在"目标"中，"选择体"为顶板、A 板、型腔，如图 5 – 147 所示。

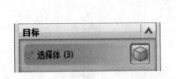 

图 5 – 147　选择体

7) 在"刀具"中，"工具类型"为"组件"，"选择对象"为浇口套，"引用集"为"FALSE"，如图 5 – 148 所示。

 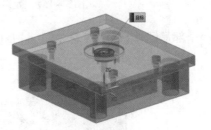

图 5 – 148　刀具对话框

8) 单击"确定"按钮。

9) 单击视图工具栏上的"编辑工作截面（【Ctrl】+【H】）"命令，查看结果，如图 5 – 149 所示。

10) 单击视图工具栏上的"剪切工作截面"开关命令 ，关闭截面显示，如图 5 – 150 所示。

11) 在"装配导航器"中，单击"截面"前的红钩，取消截面线显示，如图 5 – 151 所示。

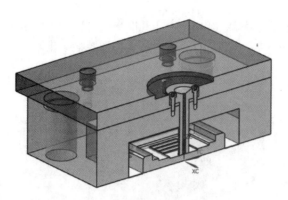

图 5 – 149　效果确认

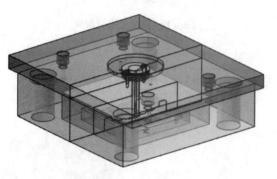

图 5 – 150　关闭截面显示

图 5 – 151　效果显示

12）单击"全部显示（【Ctrl】+【Shift】+【U】）"命令，显示所有部件，如图 5 – 152 所示。

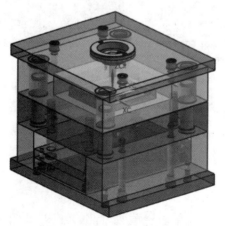

图 5 – 152　设计效果显示

13）单击"正三轴测图（Home）"命令。

14）单击"保存（【Ctrl】+【S】）"命令。

操作步骤9：浇口设计。

1）应用"隐藏（【Ctrl】+【B】）""反转显示和隐藏（【Ctrl】+【Shift】+【B】）"等命令，仅显示浇口套、产品两个部件，如图5-153所示。

图5-153　显示浇口套

2）单击"浇口"命令📷。

3）在"浇口设计"对话框中，设置："平衡"为"是"，"位置"为"型腔"，"类型"为"rectangle"（矩形），参数分别为"L=5""H=1""B=3"，如图5-154所示。

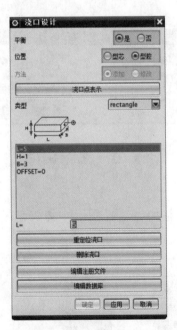

图5-154　浇口设计

4）单击"应用"按钮。

5）在弹出的"点"对话框中，选择图示的中点，如图5-155所示。

图 5 – 155　选择点

6）在弹出的"矢量"对话框中，"类型"选择"YC 轴"，表示塑料的流动方向，如图 5 – 156 所示。

图 5 – 156　选择矢量

7）在重新弹出的"浇口设计"对话框中，在"方法"中选择"添加"，如图 5 – 157 所示。

图 5 – 157　浇口设计提示

8）单击"应用"按钮。

9）在弹出的"点"对话框中，选择图示中点（前一点的对称处），如图 5 – 158 所示。

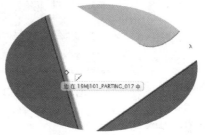

图 5 – 158　选择中点

10）在弹出的"矢量"对话框中，"类型"选择"－YC轴"，表示塑料流动方向，如图5－159所示。

图5－159　选择方向

11）在重新弹出的"浇口设计"对话框中，单击"取消"按钮。

12）双击"装配导航器"中的部件"＊＊＊_ fill_ ＊＊＊"，则可以显示出已设计好的浇口，如图5－160所示。

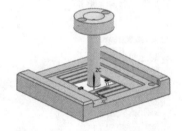

图5－160　导航器图示

13）双击"装配导航器"中的总装配部件"＊＊＊_ top_ ＊＊＊"，使之成为显示部件（同时也是工作部件），如图5－161所示。

图5－161　浇口图示

操作步骤10：分流道设计。

1）在"装配导航器"中，双击浇口部件"＊＊＊_ fill_ ＊＊＊"，使之成为工作部件。

此时"＊＊＊_ top_ ＊＊＊"为显示部件，如图5 -162所示。

图5 -162　设定浇口工作部件

2）单击"直线"（菜单→插入→曲线→直线）命令，在浇口下边缘的两个中点间绘制一条直线。

在"直线"对话框中，"限制"选项的"起始限制""终止限制"必须为"在点上"，如图5 -163所示。

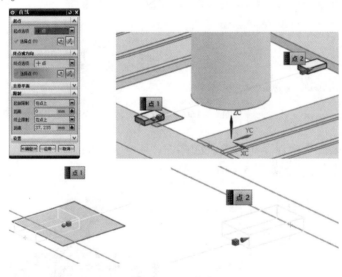

图5 -163　选点

3）单击"确定"按钮，如图5 -164所示。

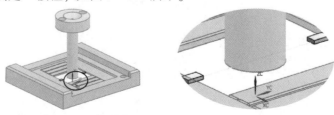

图5 -164　直线图示

4）单击"流道"命令。

5）在"引导线"中选择刚创建的直线，如图 5-165 所示。

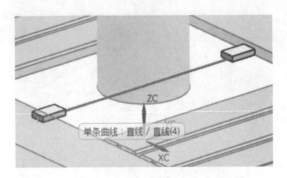

图 5-165　选择引导线

6）在"截面"中，"截面类型"选择"Circular（圆柱）"。

7）在"参数"列表中，设置"D=6"，如图 5-166 所示。

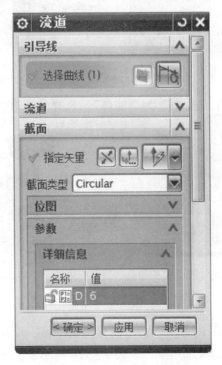

图 5-166　流道设计对话框

8）单击"确定"按钮，如图 5-167 所示。

操作步骤 11：分流道对浇口套求腔。

1）单击"腔体"命令 。

2）"模式"默认为"减去材料"。

3）在"目标"中选择浇口套，如图 5-168 所示。

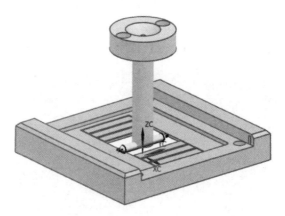

图 5 – 167　流道图示

图 5 – 168　选择腔体

4) 在"刀具"中，"工具类型"为"实体"，选择分流道实体，如图 5 – 169 所示。

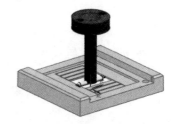

图 5 – 169　选择分流道

5) 单击"确定"按钮。

6) 应用"隐藏（【Ctrl】+【B】）"命令将分流道隐藏，应用"编辑工作截面（【Ctrl】+【H】）"命令观察浇口套的截面情况，如图 5 – 170 所示。

图 5 – 170　截面确认

7）单击视图工具栏的"剪切工作截面"开关命令 ，关闭截面显示。

8）在"装配导航器"中，取消截面线的显示，如图 5 – 171 所示。

图 5 – 171　无截面效果

操作步骤 12：分流道、浇口对型芯与型腔进行求腔。

1）在"装配导航器"中双击总装配"＊＊＊_ top ＊＊＊"，使之成为工作部件，如图 5 – 172 所示。

图 5 – 172　确定工作部件

2）单击"＊＊＊_ layout_ ＊＊＊"前的"＋"号，再单击"＊＊＊_ prod_ ＊＊＊"前的"＋"号；单击型芯部件"＊＊＊_ core_ ＊＊＊"、型腔部件"＊＊＊_ cavity_ ＊＊＊"前的"√"，使"√"变为红色，如图 5 – 173 所示。

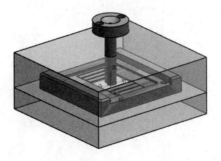

图 5 – 173　打开零件

3）单击"腔体"命令 。

4）"模式"默认为"减去材料"。

5）在"目标"中选择型芯、型腔两个部件，如图 5 – 174 所示。

图 5 – 174　打开腔体

6）在"刀具"中，"工具类型"为"实体"，选择分流道、两个浇口，如图 5 – 175 所示。

图 5 – 175　求腔

7）单击"确定"按钮。

操作步骤 13：检查浇注系统设计结果。

1）在"装配导航器"中，单击"＊＊＊_ layout ＊＊＊"前面的"－"号，将其下的组件名称折叠起来，如图 5 – 176 所示。

图 5 – 176　折叠

2）单击"＊＊＊_misc＊＊＊"前面的"+"号，将带红钩的部件显示出来，如图 5－177 所示。

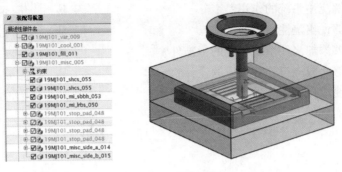

图 5－177　显示部件

3）单击"＊＊＊_fill_＊＊＊"前的红钩，使之变为灰色，将分流道、浇口的实体隐藏，如图 5－178 所示。

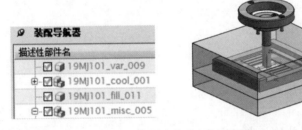

图 5－178　分流道、浇口隐藏

4）使用"编辑工作截面（【Ctrl】+【H】）"命令，显示浇注系统的截面，如图 5－179 所示。

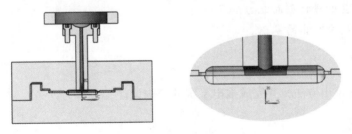

图 5－179　显示浇注系统的截面

5）单击视图工具栏中的"剪切工作截面"开关命令，关闭截面显示。

6）在"装配导航器"中，取消截面线的显示。

7）单击"全部显示（【Ctrl】+【Shift】+【U】）"命令，显示所有部件。

8）单击"正三轴测图（Home）"命令。

9）单击"保存"命令。

学习反馈

1）是否理解浇注系统的作用？　　　　　　　　□ 是　　□ 否
2）是否能够说出浇注系统的组成？　　　　　　□ 是　　□ 否
3）是否能够添加浇注系统相关的标准件？　　　□ 是　　□ 否
4）是否能够完成浇口、分流道的设计？　　　　□ 是　　□ 否
5）是否按要求保存模具项目？　　　　　　　　□ 是　　□ 否

子任务5.5　设计推出系统

任务引入

设计适合的推出系统，将塑件从型芯上推出。

任务目标

知识目标

1）了解顶出原理；
2）熟悉顶出类型；
3）了解顶出标准件的应用范围；
4）掌握顶出的设计原则。

技能目标

1）能够正确选择塑件的推出方法；
2）能够确定塑件需要布置顶针的位置；
3）能够应用注塑模向导，完成推出系统的结构设计。

素养目标

1）培养学生的设计创新能力；
2）养学生安全顶出的意识。

任务描述

了解塑件的推出方法，并完成推出系统的结构设计。

任务实施

引导问题1：塑件在模具中成型后，必须使用推出系统将其从模具中推出来。请在图5-180中标出塑件、顶针、复位杆、顶针面板、顶针底板和顶棍。

引导问题2：常见的顶针形式有圆顶针、有托顶针、扁顶针、司筒。请标出这些顶针的相同结构，如图5-181所示。

引导问题3：顶针的安装一般是通过顶针面板与顶针底板夹住顶针的台阶部分（挂台）。顶针的挂台安装在顶针面板的沉孔中，顶针的直杆穿过顶针面板、B板、型芯，与塑件接触或者进入塑件0.05~0.1 mm。

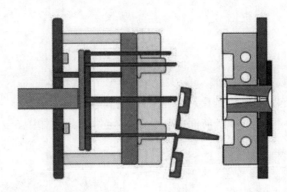

图 5 – 180　顶出示意图

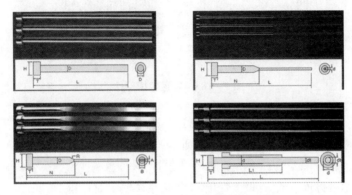

图 5 – 181　顶出标准件

当圆顶针（序号 1）的直径为 ϕ5 mm 时，顶针面板、B 板、型芯上的对应的孔直径分别是_____、_____、_____，并在图 5 – 182 中标出。

当圆顶针的挂台为 ϕ8 mm × 5 mm 时，顶针面板的沉孔尺寸应为 ϕ __mm × __mm，并在图 5 – 182 中标出。

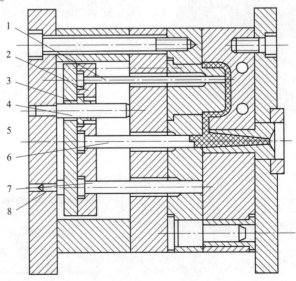

图 5 – 182　顶出结构图示

工作技能

设计推出系统。

操作步骤1：隐藏顶板、A板。

1）在"装配导航器"中找到模胚部件"＊＊＊_ moldbase_ ＊＊＊"下的定模部件
"＊＊＊_ fixhalf_ ＊＊＊"，单击前面的红钩，将定模隐藏，如图5－183所示。

图5－183　隐藏定模部件

操作步骤2：使用"隐藏（【Ctrl】+【B】）"命令将型腔、产品、定位环、浇口套、分流道、浇口及相关螺钉隐藏，如图5－184所示。

操作步骤3：在产品4个凸台处添加4个顶针。

1）单击"标准件库"命令![icon]，弹出"标准件管理"对话框。

2）在"文件夹视图"中展开"DME_ MM"，选择"Ejection"，如图5－185所示。

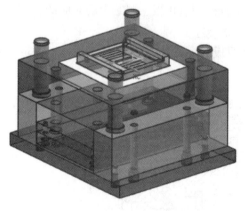
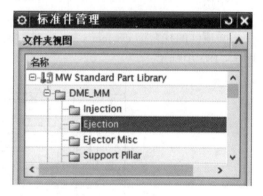

图5－184　图示动模部分　　　　　　　　图5－185　标准件管理

3）在"成员视图"中选择"Ejector Pin [Straight]（顶针 [直]）"，如图5－186所示。

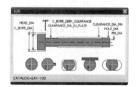

图5－186　顶针标准件

4）在"详细信息"中设置参数，如图5－187所示。

顶针直径："CATALOG_ DIA =8"。

顶针长度："CATALOG_ LENGTH =160"。

配合长度："FIT_ DISTANCE =20"（提示：顶针与型芯间为小间隙配合）。

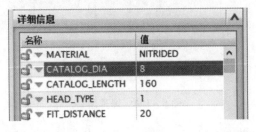

图5－187　顶针参数

5）单击"确定"按钮。

6）在"点"对话框中，逐一选择型芯上4个圆柱凹孔上任意一个圆的圆心，单击"取消"按钮，如图5－188所示。

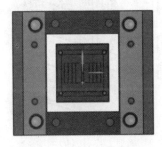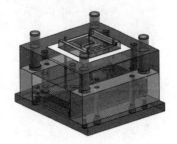

图5－188　选择点

操作步骤4：修剪顶针，使之与塑件接触。

1）单击"顶杆后处理"命令🞕。

2）在"目标"中选择" ＊ ＊ ＊ _ ej_ pin_ ＊ ＊ ＊"（注意数量是否正确），如图5－189所示。

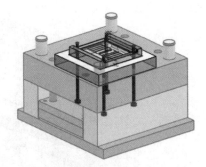

图5－189　顶针图示

3）单击"确定"按钮，如图5－190所示。

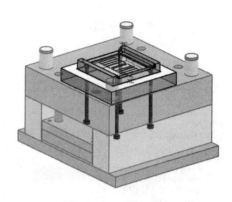

图 5 – 190　修剪顶针

4）使用"编辑工作截面"命令来观察顶针结构。请在图 5 – 191（a）中标出顶针、顶针面板、顶针底板、B 板、型芯。

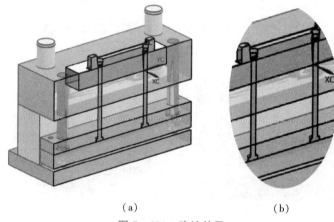

（a）　　　　　　　　　　　（b）

图 5 – 191　确认效果

操作步骤 5：使用 4 根顶针对型芯、B 板、顶针面板进行求腔。

1）单击"腔体"命令 ▓。

2）在"目标"中选择型芯、B 板、顶针面板等 3 个部件，如图 5 – 192 所示。

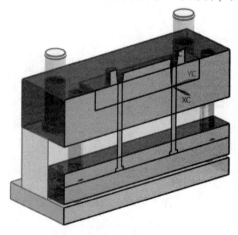

图 5 – 192　腔体选择

3）在"刀具"中设置"工具类型"为"组件"，选择4根顶针，如图5-193所示。

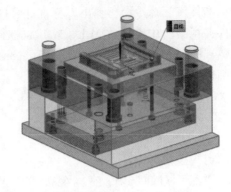

图5-193 选择顶针

4）单击"确定"按钮，如图5-194所示。

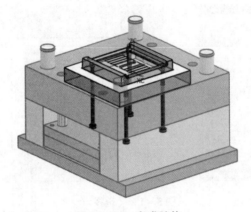

图5-194 完成腔体

5）使用"编辑工作截面"命令来观察顶针结构。测量与顶针配合的所有孔的直径，并标出参数"配合长度：FIT_ DISTANCE=20"对应的孔，如图5-195所示。

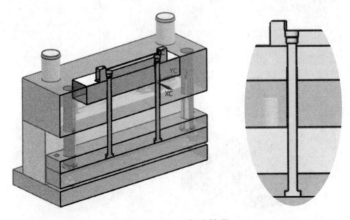

图5-195 确认效果

操作步骤6：添加两侧的4根顶针（*Y*方向）。

1）单击"标准件库"命令，弹出"标准件管理"对话框。

2）在"文件夹视图"中展开"DME_ MM"，选择"Ejection"。

3）在"成员视图"中选择"Ejector Pin［Straight］（顶针［直］）"。

4）在"详细信息"中设置参数：

顶针直径："CATALOG_ DIA = 5"。

顶针长度："CATALOG_ LENGTH = 160"。

配合长度："FIT_ DISTANCE = 20"。

5）单击"确定"按钮。

6）在弹出的"点"对话框中，在"坐标"中设置"参考"为"WCS（工作坐标系）"，设置"XC"为"20""YC"为"–62""ZC"为"0"，单击"确定"按钮，如图5－196所示。

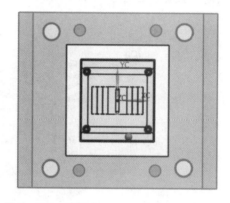

图5－196　选择点

7）在重新弹出的"点"对话框中，逐一输入以下坐标，添加另外3根顶针，最后单击"取消"按钮，如图5－197所示。

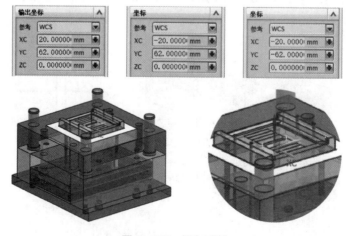

图5－197　添加顶针

操作步骤7：修剪顶针，使之与塑件接触。

1）单击"顶杆后处理"命令■。

2）在"目标"中选择"＊＊＊_ ej_ pin_ ＊＊＊"（注意数量是否正确），如图5－198所示。

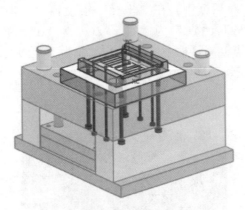

图5－198　修剪顶针

3）单击"确定"按钮。

操作步骤8：使用顶针对型芯、B板、顶针面板进行求腔。

1）单击"腔体"命令■。

2）在"目标"中选择型芯、B板、顶针面板等3个部件，如图5－199所示。

3）在"刀具"中设置"工具类型"为"组件"，选择刚添加的4根顶针，如图5－200所示。

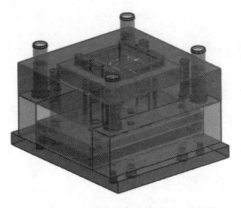

图5－199　选择型腔、B板、顶针面板

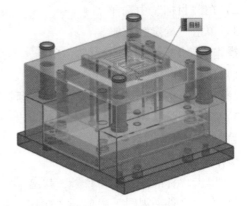

图5－200　选择顶针

4）单击"确定"按钮。

操作步骤8：添加两侧的2根顶针（X方向）。

1）单击"标准件库"命令■，弹出"标准件管理"对话框。

2）在"文件夹视图"中展开"DME_ MM"，选择"Ejection"。

3）在"成员视图"中选择"Ejector Pin［Straight］（顶针［直］）"。

4）在"详细信息"中设置参数：

顶针直径："CATALOG_ DIA = 5"。

顶针长度："CATALOG_ LENGTH = 160"。

配合长度："FIT_ DISTANCE = 20"。

5）单击"确定"按钮。

6）在弹出的"点"对话框中，在"坐标"中设置"参考"为"WCS（工作坐标系）"，设置"XC"为"59"，"YC"为"0"，"ZC"为"0"，单击"确定"按钮。

7）在重新弹出的"点"对话框中，设置"XC"为"-59"，"YC"为"0"，"ZC"为"0"，单击"确定"按钮，最后单击"取消"按钮，如图5-201所示。

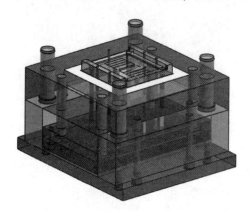

图5-201 选择点添加顶针

操作步骤9：修剪顶针，使之与塑件接触。

1）单击"顶杆后处理"命令 。

2）在"目标"中选择"＊＊＊_ ej_ pin_ ＊＊＊"。

3）单击"确定"按钮。

操作步骤10：将顶针对型芯、B板、顶针面板进行求腔。

1）单击"腔体"命令 。

2）在"目标"中选择型芯、B板、顶针面板等3个部件。

3）在"刀具"中设置"工具类型"为"组件"，选择刚添加的2根顶针。

4）单击"确定"按钮。

操作步骤11：设计中间顶针。

1）单击"标准件库"命令 ，弹出"标准件管理"对话框。

2）在"文件夹视图"中展开"DME_ MM"，选择"Ejection"。

3）在"成员视图"中选择"Ejector Pin［Straight］（顶针［直]）"。

4）在"详细信息"中设置参数：

顶针直径："ATALOG_ DIA = 5"。

顶针长度："CATALOG_ LENGTH = 160"。

配合长度："FIT_ DISTANCE = 20"。

5）单击"确定"按钮。

6）在弹出的"点"对话框中，在"坐标"中设置"参考"为"WCS（工作坐标系)",设置坐标1("XC"为"20","YC"为"40","ZC"为"0"),单击"确定"按钮。

7)重复上一步,分别在以下坐标处添加顶针:

①坐标2:"XC"为"20","YC"为" – 40","ZC"为"0";

②坐标3:"XC"为" – 20","YC"为" –40","ZC"为"0";

③坐标4:"XC"为" – 20","YC"为"40","ZC"为"0"。

提示:

在添加完最后一根顶针后,在"点"对话框中单击"取消"按钮。如果单击了"确定"或"应用"按钮,就会在同样位置又添加一根顶针,如图5 – 202所示。

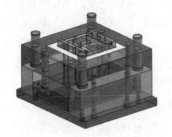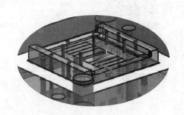

图5 – 202 添加新顶针

操作步骤12:修剪4根顶针,使之与塑件接触,如图5 – 203所示。

1)单击"顶杆后处理"命令。

2)在"目标"中选择"＊＊＊_ ej_ pin_ ＊＊＊"(注意数量是否正确)。

3)单击"确定"按钮。

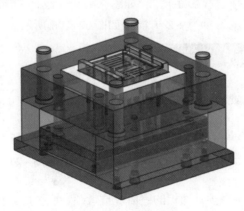

图5 – 203 修剪顶针

操作步骤13:使用顶针对型芯、B板、顶针面板进行求腔。

1)单击"腔体"命令。

2)在"目标"中选择型芯、B板、顶针面板等3个部件。

3)在"刀具"中设置"工具类型"为"组件",选择刚添加的4根顶针。

4)单击"确定"按钮。

操作步骤 14：设计分流道顶针，在推出产品的同时推出分流道凝料。

1）单击"标准件库"命令 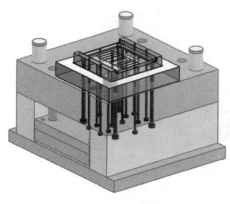，弹出"标准件管理"对话框。

2）在"文件夹视图"中展开"DME_ MM"，选择"Ejection"。

3）在"成员视图"中选择"Ejector Pin［Straight］（顶针［直］）"。

4）在"详细信息"中设置参数：

顶针直径："CATALOG_ DIA =5"。

顶针长度："CATALOG_ LENGTH =160"。

配合长度："FIT_ DISTANCE =20"。

5）单击"确定"按钮。

图 5 - 204 点添加顶针

6）在弹出的"点"对话框中，在"坐标"中设置"参考"为"WCS（工作坐标系）"，设置坐标 1（"XC"为"0"，"YC"为"10"，"ZC"为"0"），单击"确定"按钮。

7）在弹出的"点"对话框中，在"坐标"中设置"参考"为"WCS（工作坐标系）"，设置坐标 2（"XC"为"0"，"YC"为"－10"，"ZC"为"0"），单击"确定"按钮。在弹出的"点"对话框中，单击"取消"按钮，如图 5 - 204 所示。

操作步骤 14：调整分流道顶针的长度，使之低于分流道底部的距离为一个顶针直径。

1）单击"测量距离"命令。

2）在"类型"中选择"投影距离"，如图 5 - 205 所示。

3）在"矢量"中指定矢量为 +Z 方向，如图 5 - 206 所示。

图 5 - 205 测量距离

图 5 - 206 选择方向

4）在"起点"中，选择顶针面板的底面（或者顶针底板的顶面），如图 5 - 207 所示。

图 5 - 207 选择起点

5）在"终点"中选择分流道的圆柱面，如图 5 - 208 所示。

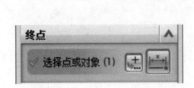
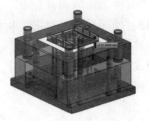

图 5 - 208　选择终点

6）记住测量结果"137.349"，单击"确定"按钮。

7）单击"标准件库"命令 💷 。

8）在"部件"中，"选择标准件"为一根分流道顶针，选择" ⊙修改 "方式，如图 5 - 209 所示。

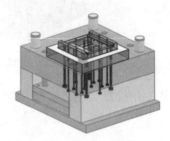

图 5 - 209　标准件管理

9）在"详细信息"中，修改顶针长度"CATALOG_ DIA"。

> **提示：**
>
> 　　分流道顶针一般要低于分流道一个顶针直径的距离，取整数。此处分流道顶针的直径是____，则顶针长度为 137.349 - _____ = _____，取整为_____。如图 5 - 210 所示。

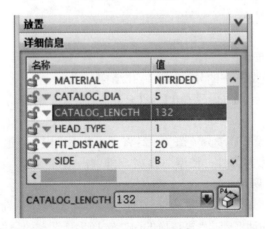

图 5 - 210　参数优化

10）单击"确定"按钮。

11）应用"编辑工作截面（【Ctrl】+【H】）"等命令，观察分流道顶针的结构。

操作步骤 15：使用顶针对型芯、B 板、顶针面板进行求腔。

1）单击"腔体"命令 。

2）在"模式"中选择"减去材料"。

3）在"目标"中选择型芯、B 板、顶针面板等 3 个部件，如图 5 - 211 所示。

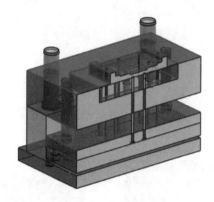

图 5 - 211　腔体减材料

4）在"刀具"中设置"工具类型"为"组件"，选择刚添加的 2 根分流道顶针，如图 5 - 212 所示。

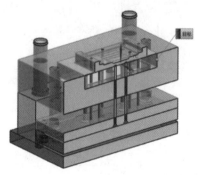

图 5 - 212　刀具设定

5）单击"确定"按钮。

操作步骤 16：调整型芯中的分流道顶针孔结构。

1）使用"编辑工作截面（【Ctrl】+【H】）"命令，观察分流道顶针孔结构，如图 5 - 213 所示。

您是否看到顶针孔没有穿越分流道，顶针将无法发挥推出分流道的作用。□ 是　□ 否

2）鼠标左键单击型芯部件，使型芯高亮。再单击鼠标右键，在菜单中选择"设为工作部件"，如图 5 - 214 所示。

3）单击"替换面"（菜单 → 插入 → 同步建模 → 替换面）命令。

4）在"替换面"对话框中，"要替换的面"选择为顶针孔的顶面（两个），如图 5 - 215 所示。

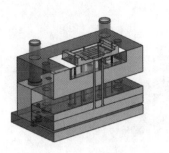

图 5 –213　分流道顶针孔

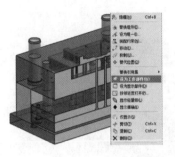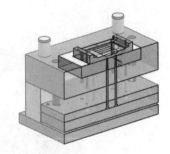

图 5 –214　设定工作部件

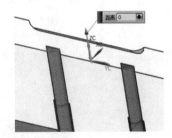

图 5 –215　选择面

5）在"替换面"中，选择型芯上的平面，如图 5 –216 所示。

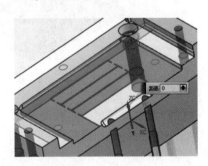

图 5 –216　替换面

6）单击"确定"按钮，如图 5 –217 所示。

7）在"装配导航器"中，双击总装配部件" ＊＊＊_ top_ ＊＊＊"，使之成为工作部件，如图 5 –218 所示。

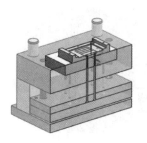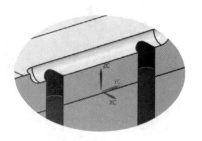

图 5 – 217　替换效果图示

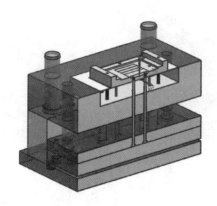

图 5 – 218　显示总装配

8）取消截面显示，单击"正三轴测图（Home）"命令，单击"保存"命令，如图 5 – 219 所示。

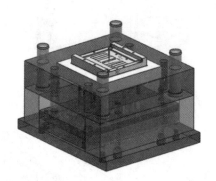

图 5 – 219　保存操作

操作步骤 17：设计主流道拉料杆，将主流道凝料从浇口套中拉出。

提示：

开模时，主流道的冷凝料需要从浇口套中拉出，与塑件一起留在型芯上，然后由推出系统推出。完成这一任务的零件称为拉料杆。

1）单击"标准件库"命令 。

2）在"文件夹视图"中展开"FUTABA_ MM"，选择"Sprue Puller（拉料杆）"，如

图 5 – 220 所示。

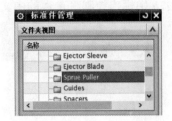

图 5 – 220　标准件管理

3）在"成员视图"中选择"Sprue Puller［M_ RLA］　（拉料杆）"，如图 5 – 221 所示。

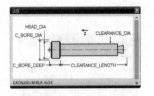

图 5 – 221　拉料杆设计

4）在"放置"中，"父"为"＊＊＊_ misc_ side_ b_ ＊＊＊"，"位置"为"PLANE（平面）"，"选择面或平面"中选择顶针面板的底面（或者顶针底板的顶面），如图 5 – 222 所示。

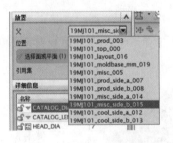
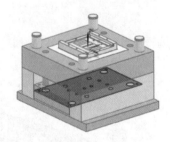

图 5 – 222　拉料杆位置设计

5）在"详细信息"中设置拉料杆参数，如图 5 – 223 所示。

公称直径："CATALOG_ DIA ＝5"。

长度："CATALOT_ LENGTH ＝132"。

挂台直径："HEAD_ DIA ＝7"（提示：挂台即拉料杆大端的圆台）。

挂台高度："HEAD_ HEIGHT ＝5"。

蘑菇头大径："PULLER_ OD ＝3.3"。

蘑菇头小径："PULLER_ ID ＝2.8"。

蘑菇头高度："PULLER_ HEIGHT ＝3"。

避空孔直径："CLEARANCE_ DIA ＝5"（提示：与拉料杆直径一致）。

沉孔直径："C_ BORE_ DIA ＝7.5"（提示：沉孔用于放置挂台）。

沉孔深度："C_ BORE_ DEEP =5"（提示：与拉料杆挂台高度一致）。

请在图5-223中标出拉料杆参数的中文名称。

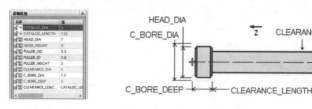

图5-223　拉料杆参数设计

6）单击"确定"按钮。

7）在弹出的"标准件位置"对话框中单击"确定"按钮，将拉料杆放置在原点上，如图5-224所示。

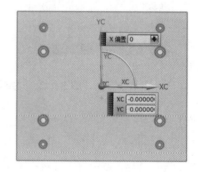

图5-224　拉料杆设计

8）使用"编辑工作截面（【Ctrl】+【H】）"等命令，观察拉料杆的结构，如图5-225所示。

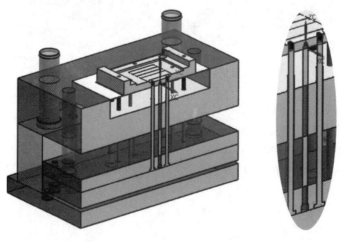

图5-225　拉料杆结构确认

操作步骤18：使用拉料杆对型芯、B板、顶针面板进行求腔。

1）单击"腔体"命令 。
2）在"模式"中选择"减去材料"。
3）在"目标"中选择型芯、B 板、顶针面板等 3 个部件，如图 5 – 226 所示。

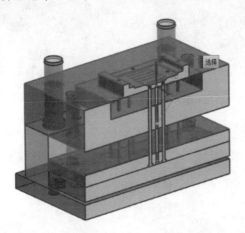

图 5 – 226　腔体操作

4）在"刀具"中设置"工具类型"为"组件"，"选择对象"为拉料杆，如图 5 – 227 所示。

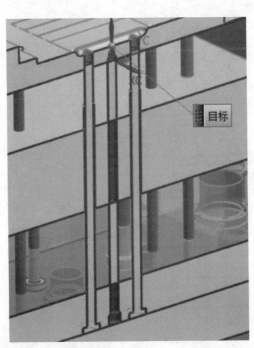

图 5 – 227　刀具设计

5）单击"确定"按钮，如图 5 – 228 所示。
您是否观察到安装拉料杆的孔没有穿透到分流道上，拉料杆无法发挥将主流道拉出作用。□ 是　　□ 否

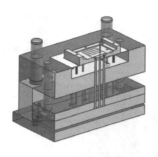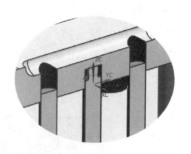

图 5 – 228　确定拉料杆结构

操作步骤 19：调整型芯中的拉料杆孔结构。

1）单击型芯部件，使其高亮。单击右键，在菜单中选择"设为工作部件"，如图 5 – 229 所示。

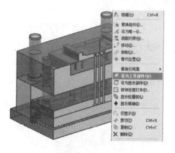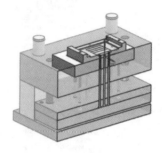

图 5 – 229　设定工作部件

2）单击"替换面"（菜单 → 插入 → 同步建模 → 替换面）命令。

3）在"替换面"对话框中，"要替换的面"选择为拉料杆孔的顶面，如图 5 – 230 所示。

图 5 – 230　替换面界面

4）在"替换面"中选择型芯上的平面，如图 5 – 231 所示。

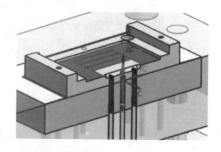

图 5 – 231　替换操作

5）单击"确定"按钮，如图 5 - 232 所示。

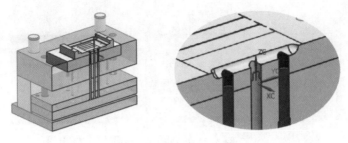

图 5 - 232　替换效果图示

提示：

拉料杆的顶端低于分流道，留出的空间即是冷料井，用于收集主流道过来的塑料熔体前锋的冷料，以免这些冷料进入到型腔而影响塑件的质量。

6）在"装配导航器"中，双击总装配部件"＊＊＊_ top_ ＊＊＊"，使之成为工作部件。

7）取消截面显示，单击"正三轴测图（Home）"命令，单击"保存（【Ctrl】+【S】）"命令。

操作步骤 21：设计限位块，其与 B 板的距离即为塑件的顶出距离，应能保证塑件完全脱离型芯。

1）单击"标准件"命令。

2）在"文件夹视图"中选择"FUTABA_ MM"，如图 5 - 233 所示。

图 5 - 233　标准件管理

3）在"FUTABA_ MM"下选择"Lock Unit"，如图 5 - 234 所示。

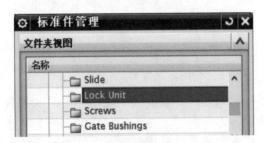

图 5 - 234　标准件类型

4）在"成员视图"中选择"Shoulder Interlock［M－DSB，M－DSE］"，如图5－235所示。

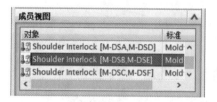 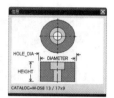

图5－235　标准件图示

5）在"放置"中，"父"设置为"＊＊＊＿misc＿side＿b＊＊＊"，"选择面或平面"为顶针面板的顶面，如图5－236所示。

图5－236　标准件位置设定

6）在"详细信息"中设置限位块参数，如图5－237所示。

类型："TYPE＝M－DSB"。

直径："DIAMETER＝30"。

高度："HEIGHT＝10"。

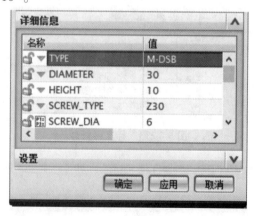

图5－237　标准件参数

7）单击"确定"按钮。

8）在"标准件位置"对话框中，设置"X偏置＝0""Y偏置＝120"，单击"应用"按钮，如图5－238所示。

9）在重新弹出的"标准件位置"对话框中，设置"X偏置＝0""Y偏置＝－120"，单击"确定"按钮，如图5－239所示。

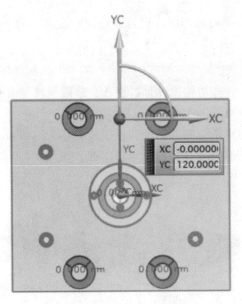

图 5 – 238　标准件尺寸图示 1

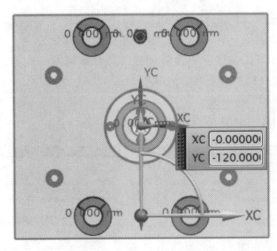

图 5 – 239　标准件尺寸图示 2

　　10）使用"编辑工作截面（【Ctrl】+【H】）"等命令，观察限位块结构，如图 5 – 240 所示。

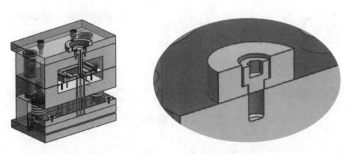

图 5 – 240　限位柱形状图示

11）测量塑件的推出距离，即限位块与 B 板间的距离，为_____。

┌─ 提示 ─┐

开模后推出塑件时，注塑机将推动顶针底板，使限位块与 B 板接触，从而推动顶针将塑件推出，并要求塑件脱离型芯 5~10 mm。

您认为当前的推出距离是否能够保证塑件脱离型芯 5~10 mm？（□ 是　□ 否）

12）使用限位块中的螺钉对顶针面板进行求腔。注意："刀具"中的"工具类型"为"实体"，如图 5－241 所示。

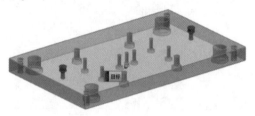

图 5－241　限位柱位置图示

13）单击"全部显示（【Ctrl】+【Shift】+【U】）"命令显示所有部件。

14）单击"正三轴测图（Home）"命令，单击"保存"命令。

操作步骤 21：设计复位弹簧，将顶针面板、顶针底板推回到原始位置，从而使顶针缩回到型芯中，避免再次合模时顶针撞到型腔。

1）单击"标准件库"命令。

2）在"文件夹视图"中展开"DME_MM"，选择"Springs"，如图 5－242 所示。

图 5－242　弹簧标准件管理

3）在"成员视图"中选择"Spring"，如图 5－243 所示。

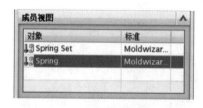 

图 5－243　弹簧设计

4）在"放置"中，"父"为"＊＊＊_misc_side_b_＊＊＊"，"位置"为"PLANE（平面）"，"选择面或平面（1）"中选择顶针面板的顶面，如图 5－244 所示。

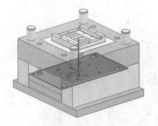

图 5 – 244　弹簧位置设计 1

5）在"详细信息"中设置弹簧参数：

弹簧内径："INNER_ DIA = _____"（提示：从列表中选择，因为弹簧一般套装在复位杆上，其内径应大于复位杆直径。您测量复位杆的直径是_____）。

自由长度："CATALOG_ LENGTH = ____"（提示：自由长度 = 2.85 × 推出距离，然后取列表中数据）。

显示模式："DISPLAY = ____"（提示：DEAILED – 真实弹簧，TUBE – 圆柱）。

预压缩量："COMPRESSION = _____"（提示：弹簧必须有预压缩量才能可靠工作，数值约为自由长度的 10%）。

6）单击"确定"按钮。

7）在弹出的"标准件位置"对话框中，选择右上角复位杆的圆心，单击"应用"按钮，如图 5 – 245 和图 5 – 246 所示。

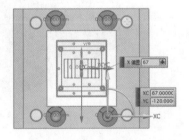

图 5 – 245　弹簧位置设计 2　　　图 5 – 246　弹簧位置设计 3

8）依次选择另外三个复位杆的圆心，分别单击"应用"按钮。

9）在"标准件位置"对话框中，单击"取消"按钮，如图 5 – 247 所示。

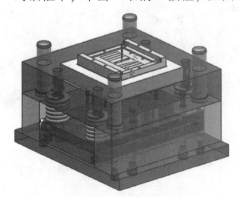

图 5 – 247　弹簧位置图示

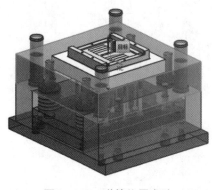

图 5 – 248　弹簧位置求腔

10）使用 4 个弹簧对 B 板进行求腔。注意："刀具"中的"工具类型"为"组件"，如图 5 – 248 所示。

11）单击"全部显示（【Ctrl】+【Shift】+【U】）"命令，显示所有部件。

12）单击"正三轴测图（Home）"命令，单击"保存（【Ctrl】+【S】）"命令。

操作步骤 22：设计模胚底板中心处的 KO 孔，使注塑机后部的顶棍能够穿过底板中心，推动顶针面板，从而顶出塑件。

1）鼠标左键双击底板部件使之成为工作部件，如图 5 – 249 所示。

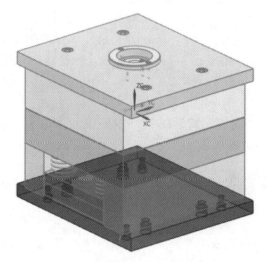

图 5 – 249　底板工作部件

2）在"部件导航器"中，在"草图（3）'SKETCH_000'"上单击右键，选择"显示"选项，将草图显示出来，如图 5 – 250 所示。

图 5 – 250　显示导航器

3）在"部件导航器"中双击"拉伸面（5）"，弹出"编辑参数"菜单，如图 5 – 251 所示。

4）在"编辑参数"菜单中选择"编辑定义线串"，弹出"编辑线串"对话框。

图 5 – 251　编辑底板

5）在"编辑线串"对话框中选择草图中间的圆，单击"确定"按钮，如图 5 – 252 所示。

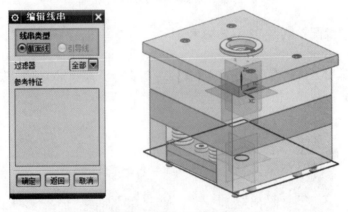

图 5 – 252　编辑线串

6）在重新弹出的"编辑参数"菜单中单击"确定"按钮，如图 5 – 253 所示。

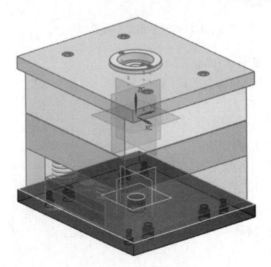

图 5 – 253　编辑参数

模块 2 任务

7）在"部件导航器"中右键单击"草图（3）"，在弹出的菜单中选择"隐藏"选项，如图 5–254 所示。

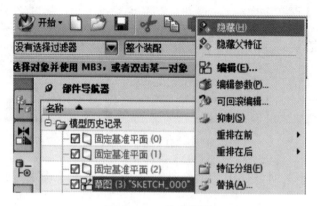

图 5–254　隐藏草图

8）切换到"装配导航器"，双击总装配"＊＊＊＿ top＿ ＊＊＊"，使之成为工作部件。

9）使用"编辑工作截面（【Ctrl】＋【H】）"等命令，观察 KO 孔，其直径为＿＿＿＿，如图 5–255 所示。

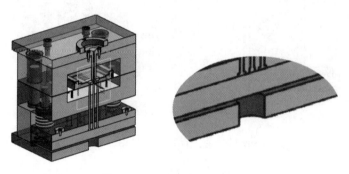

图 5–255　显示中心孔效果

10）单击"正三轴测图（Home）"命令。

11）单击"保存（【Ctrl】＋【S】）"命令。

学习反馈

1）是否理解推出系统的作用？　　　□ 是　　□ 否

2）是否能够区分常用的顶针类型？　□ 是　　□ 否

3）是否能够完成推出系统的设计？　□ 是　　□ 否

4）是否能够添加相关的标准件？　　□ 是　　□ 否

5）是否按要求保存模具项目？　　　□ 是　　□ 否

子任务 5.6 设计冷却系统

任务引入

布置合适的冷却水路，使塑件快速冷却到可以推出的温度。

任务目标

知识目标

1）了解注塑周期的组成；

2）了解设计运水的重要性及其作用；

3）掌握运水的设计标准；

4）了解运水的设计类型。

技能目标

1）能够计算运水的冷却效果；

2）能够合理地设计运水形式；

3）能够应用注塑模向导，完成直通式水路设计。

素养目标

1）培养学生的设计创新能力；

2）培养学生节约用水、安全用水的意识。

任务描述

了解冷却系统的作用与构成，完成直通式水路设计。

任务实施

引导问题 1：塑件的一个注塑周期图如图 5 – 256 所示，分为 ＿＿＿＿、＿＿＿＿、＿＿＿＿、
＿＿＿＿ 4 部分，其中，＿＿＿＿＿＿时间最短，＿＿＿＿＿＿＿时间最长。减少＿＿＿＿＿＿＿时间对缩短注
塑周期最有效。

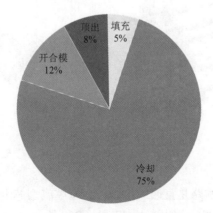

图 5 – 256　周期分解图示

引导问题2：如果模具中型芯、型腔各部分温差太大，会使塑件各部分收缩不均匀，从而导致塑件变形。因此必须设计合适的冷却水路，使模具中型芯、型腔各部分温度基本一致，并尽量以相同的速度冷却，如图5-257所示。

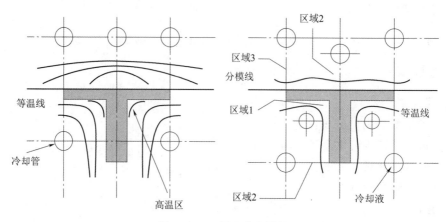

图5-257 温度分布图示

在图5-258（a）和图5-258（b）中，哪个冷却水路会使得塑件温度更均匀？____

_____。

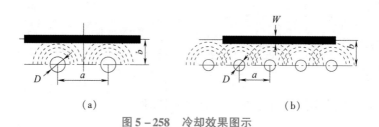

（a）   （b）

图5-258 冷却效果图示

引导问题3：如图5-259所示，图5-259（a）所示的传统水路与图5-259（b）所示的新型水路，_____冷却效果更好。从加工角度来看，_____较容易实现。

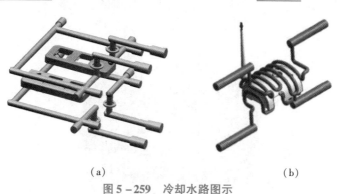

（a）   （b）

图5-259 冷却水路图示

引导问题4：最简单的水路是直通式水路，在型腔或型芯上加工通孔，孔的两端攻牙，接上管接头，从一端进水，另一端出水，如图5-260所示。

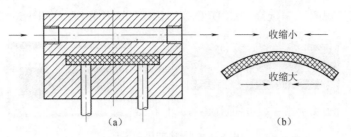

图5-260 直通水路图示

引导问题5：在图5-260（a）中，只在型腔上设计了冷却水路。当塑件取出时，会产生如图5-260（b）所示的弯曲。解决塑件弯曲问题的办法是＿＿＿＿＿＿＿＿。

引导问题6：注塑模具中常用螺纹直通接头来接通水路，如图5-261所示。

图5-261 螺纹直通接头

🔧 工作技能

设计冷却系统。

操作步骤1：创建型腔上的第1条直通式水路。

1）单击"模具冷却工具"命令🖼。

2）在"模具冷却工具"栏中单击"冷却标准件库"命令🖳，如图5-262所示。

图5-262 模具冷却工具1

3）在"文件夹视图"中选择"COOLING"，如图5-263所示。

图5-263 "文件夹视图"界面1

4）在"成员视图"中选择"COOLING THROUGH HOLE"，如图 5 – 264 所示。

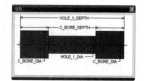

图 5 – 264 冷却管道设计

5）在"放置"的"选择面或平面"中选择 A 板在 + X 轴方向上的侧面，如图 5 – 265 所示。

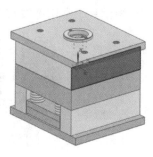

图 5 – 265 冷却位置设计

6）在"详细信息"中设置参数，如图 5 – 266 所示。

螺纹规格："PIPE_ THERAD = 1/8"。

沉头孔直径："C_ BORE_ DIA = < UM_ VAR > ∷ COOLING_ PIPE_ C_ BORE_ DIA_ 1_ 8 + 12"。

沉头孔深度："C_ BORE_ DEPTH = 60"。

水路孔 1 深度："HOLE_ 1_ DEPTH = 300"。

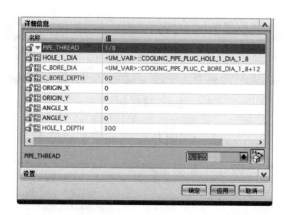

图 5 – 266 冷却参数设计

7）单击"确定"按钮。

8）在"标准件位置"的"偏置"中，设置"X 偏置"为"30"，"Y 偏置"为

"30"，如图 5 – 267 所示。

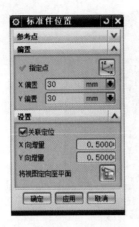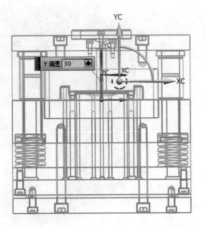

图 5 – 267　水路点位置设定 1

9）单击"应用"按钮。

10）在"标准件位置"的"偏置"中，设置"X 偏置"为"– 30"，"Y 偏置"为"30"，如图 5 – 268 所示。

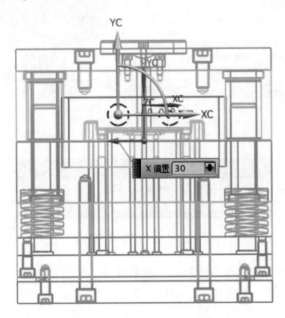

图 5 – 268　水路点位置设定 2

11）单击"确定"按钮，如图 5 – 269 所示。

12）在"装配导航器"中，隐藏模胚（＊＊＊_ moldbase_ ＊＊＊）、标准件（＊＊＊_ misc_ ＊＊＊），观察水路，如图 5 –270 所示。

操作步骤 2：添加延长水路接口（水嘴）。

1）在"模具冷却工具"栏中，单击"冷却标准件库"命令🗐，如图 5 – 271 所示。

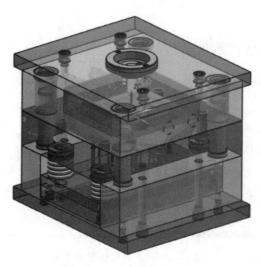

图 5 - 269　水路设定完成

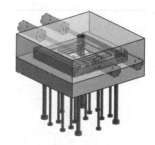

图 5 - 270　水路设定完成效果

图 5 - 271　模具冷却工具 2

2）在"部件"的"选择标准件"中，选择步骤 1 创建的 1 条水路。

3）在"文件夹视图"中选择"COOLING"，如图 5 - 272 所示。

图 5 - 272　"文件夹视图"界面 2

4）在"成员视图"中选择"EXTENSION PLUG"，如图5-273所示。

 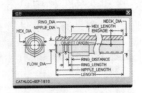

图5-273 水路接头设定

提示：

接头的实物图中间有通孔，如图5-274所示。

图5-274 水路接头实物

5）在"详细信息"中设置参数，如图5-275所示。
螺纹规格："PIPE_ THERAD = 1/8"。

详细信息		∧
名称	值	
🔓 ▼ SUPPLIER	DME	∧
🔓 ▼ PIPE_THREAD	1/8	

图5-275 水路接头参数

6）单击"确定"按钮，将在每一条直通式水路上各添加1个水嘴，如图5-276所示。

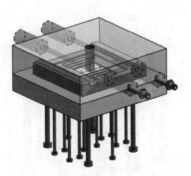

图5-276 水路接头装配效果

操作步骤3：调整水嘴的位置。

1）在"模具冷却工具"栏中单击"冷却标准件库"命令 🗐。

2）在"部件"的"选择标准件"中选择一个水嘴，如图5–277所示。

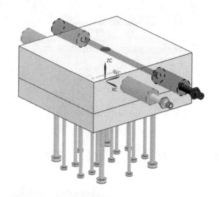

图5–277　冷却组件设计

3）在"部件"中单击"重定位"命令 🔲，选择沉孔底部的孔中心，单击"确定"按钮，如图5–278所示。

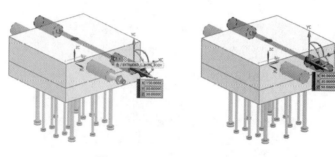

图5–278　冷却位置尺寸修改

4）在重新弹出的"冷却组件设计"对话框中单击"取消"按钮，如图5–279所示。

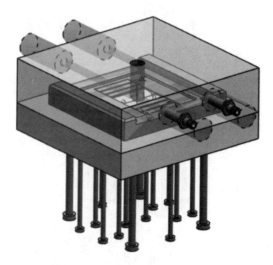

图5–279　完成设计

操作步骤4：在水路另一侧添加水嘴。

1）在"模具冷却工具"栏中单击"冷却标准件库"命令 🗐。

2）在"部件"的"选择标准件"中选择一个水嘴（高亮），选择"添加实例"选项，单击"确定"按钮，将会添加一个新的水嘴。

3）在"模具冷却工具"栏中单击"冷却标准件库"命令 🗐。

4）在"部件"的"选择标准件"中选择新添加的水嘴，单击"重定位" 🖳，单击"确定"按钮。

5）选择水嘴另一侧沉孔底部的孔中心，单击"应用"按钮。

6）单击动态坐标系上 XC 轴与 YC 轴之间的小圆球，拖动小圆球绕 ZC 轴旋转 180°。

7）单击"确定"按钮。

8）在重新弹出的"冷却组件设计"对话框中单击"取消"按钮。

操作步骤5：添加下模水路。

1）在"模具冷却工具"栏中单击"冷却标准件库"命令 🗐。

2）在"部件"的"选择标准件"中选择一条完整水路（注意：包括两个接头整个水路都变成红色），选择"添加实例"选项，单击"确定"按钮，如图 5–280 所示。

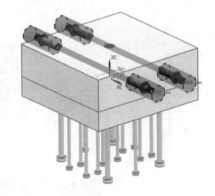

图 5–280　冷却组件设计

3）在"标准件位置"对话框中，设置参数"X 偏置 = 30"，"Y 偏置 = –17"，单击"应用"按钮，完成一条水路的添加，如图 5–281 所示。

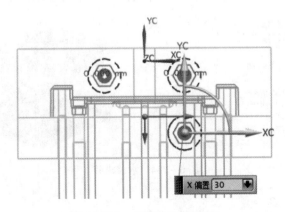

图 5–281　水路点位置设定 1

4）在"标准件位置"对话框中，设置参数"X 偏置 = - 30"，"Y 偏置 = - 17"，单击"确定"按钮，完成另一条水路的添加，如图 5 - 282 所示。

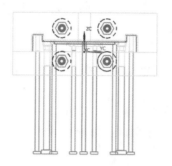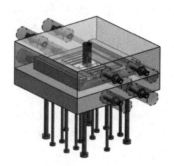

图 5 - 282　水路点位置设定 2

操作步骤 6：使用冷却标准件对型芯、型腔求腔。

1）单击"腔体"命令 ⚙。

2）在"目标"中选择型芯、型腔，在"刀具"中选择 4 条水路，单击"确定"按钮，如图 5 - 283 所示。

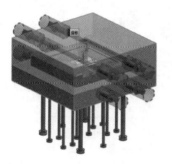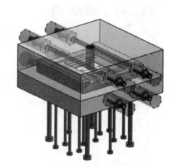

图 5 - 283　水路腔体

操作步骤 7：使用冷却标准件对 A 板、B 板求腔。

1）在"装配导航器"中，单击" ＊ ＊ ＊ _ moldbase_ mm_ ＊ ＊ ＊ "和" ＊ ＊ ＊ _ misc_ ＊ ＊ ＊ "前的灰钩，使之变成红钩，将模胚、标准件显示出来，如图 5 - 284 所示。

图 5 - 284　水路求腔

2）单击"腔体"命令 ⚙。

3）在"目标"中选择 A 板、B 板，在"刀具"中选择 4 条水路，单击"确定"按钮，如图 5 – 285 所示。

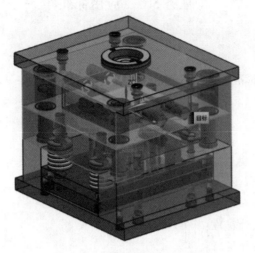

图 5 – 285　水路求腔完成

操作步骤 8：使用"编辑工作截面"等命令观察水路，如图 5 – 286 所示。

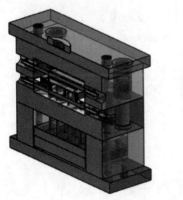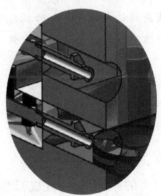

图 5 – 286　水路求腔确认

操作步骤 9：取消工作截面，显示所有部件，在正三轴测状态下保存部件。

学习反馈

1）是否理解冷却系统的作用？　　　　□ 是　　□ 否
2）是否能够说出直通式水路的构成？　□ 是　　□ 否
3）是否能够完成冷却系统的设计？　　□ 是　　□ 否
4）是否能够添加相关的标准件？　　　□ 是　　□ 否
5）是否按要求保存模具项目？　　　　□ 是　　□ 否

子任务 5.7　应用标准件

任务引入

在模具上添加相关标准件，以便于模具加工、装配与调试。

任务目标

知识目标

1）掌握螺栓的连接基础知识；

2）了解模板的强度；

3）掌握模胚的导向和定位；

4）掌握支撑柱的设计标准；

5）掌握锁模块的设计标准；

6）掌握吊环的设计标准。

技能目标

1）能够了解模具上常用的标准件；

2）能够为选用的标准件选择合适的规格及安装位置；

3）能够应用注塑模向导，完成标准件的添加。

素养目标

1）培养学生的设计创新能力；

2）培养学生设计严谨的工作风格；

3）培养学生安全吊模的意识。

任务描述

为模具选用合适的标准件，并完成标准件的添加。

任务实施

引导问题 1：请问型腔是否应该紧固在 A 板上？（□ 是　□ 否）

如果选择"是"，该如何实现型腔在 A 板上的固定？（参考选项：螺栓连接、焊接、胶接）

引导问题 2：螺栓连接是常用的紧固零件的方法。在模具中，一般使用螺栓将型腔紧固在 A 板（定模板）上。如图 5 - 287 所示请标出螺栓，并说明 A 板、型腔需要加工的结构分别是：＿＿＿＿＿＿＿＿＿＿＿＿＿＿＿＿＿＿＿＿＿＿。

引导问题 3：请标出图 5 - 288 所示示意图中的 A 板、B 板。您是否注意到 B 板的弯曲变形？（□ 是　□ 否）

请提出至少一种减少 B 板弯曲变形的方法：＿＿＿＿＿＿＿＿＿＿＿＿＿＿。

引导问题 4：模具主要使用钢铁材料进行制造。本套模具的重量约为＿＿＿kg。一个人能否搬运本套模具？（□ 是　□ 否）

请提出至少一种搬运本套模具的方法：＿＿＿＿＿＿＿＿＿＿＿＿＿＿＿。

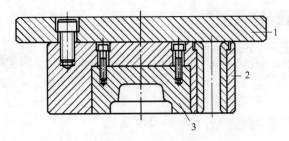

图 5 – 287　螺栓连接图示

1—定模座板；2—定模板；3—镶件整体结构

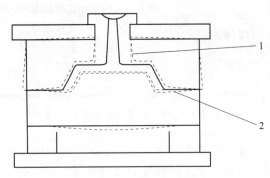

图 5 – 288　变形图示

1，2—间隙

引导问题 5： 模具的上模、下模合模时，通过导柱导套进行定位。当搬运图 2 – 289 所示的模具时，是否意识到其中的危险性？（□ 是　□ 否）

若选择"是"，您认为危险来自 _____。

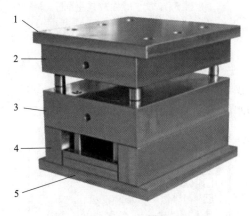

图 5 – 289　模具

1—顶板；2—A 板；3—B 板；4—C 板；5—底板

工作技能

应用标准件。

图 5 – 290　螺栓标准件管理

操作步骤 1：添加 4 个螺栓，将型腔紧固在 A 板上。

1）单击"标准件库"命令 ．

2）在"文件夹视图"中选择"DME_ MM"，在展开的列表中选择"Screws"，如图 5 – 290 所示。

3）在"成员视图"中选择"SHCS［Manual］"，如图 5 – 291 所示。

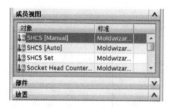
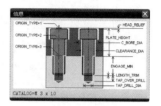

图 5 – 291　螺栓标准件设计

4）在"放置"中，"父"设置为"＊＊＊_ misc_ side_ a_ ＊＊＊"，单击"选择面或平面"，选择型腔的顶面（红色处），如图 5 – 292 所示。

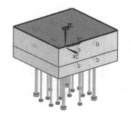

图 5 – 292　螺栓放置平面

提示：

为了方便选择型腔的顶面，在"标准件库"对话框下，可以同时单击"装配导航器"中的模胚、标准件、冷却水路等子装配，使它们隐藏，如图 5 – 293 所示。

图 5 – 293　导航器

5）在"详细信息"中设置参数，如图 5 – 294 所示。

螺栓规格："SIZE = 8"。

定位方式："ORIGIN_ TYPE = 3"。

螺栓长度："LENGTH = 35"。

放置模侧："SIDE = A"。

模板厚度："PLATE_ HEIGHT = 20"。

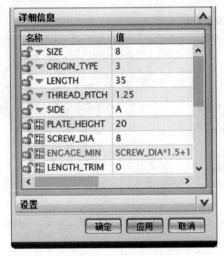

图 5 – 294　螺栓参数设计

锁紧深度："ENGAGE_ MIN = SCREW_ DAI * 1. 5 + 1"。

6）单击"确定"按钮。

7）在弹出的"标准件位置"对话框中，设置"X 偏置 = 80"及"Y 偏置 = 85"。

8）单击"应用"按钮。

9）重复步骤 7）、8），分别在以下位置添加另外 3 个螺栓，如图 5 – 295 所示：

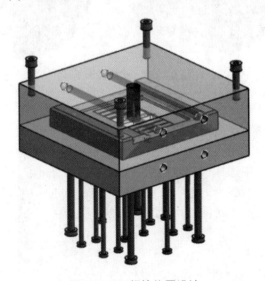

图 5 – 295　螺栓位置设计

①"X偏置=80","Y偏置=-85";

②"X偏置=-80","Y偏置=85";

③"X偏置=-80","Y偏置=-85"。

10）在弹出的"标准件位置"对话框中单击"取消"按钮。

11）单击"腔体"命令 ，注意设置"工具类型"为"组件"，使用4个螺栓对A板、型腔求腔，如图5-296所示。

图5-296　螺栓求腔

12）通过"编辑工作截面（【Ctrl】+【H】）"等命令，观察4个螺栓，并测量A板沉孔的尺寸为_____，如图5-297所示。

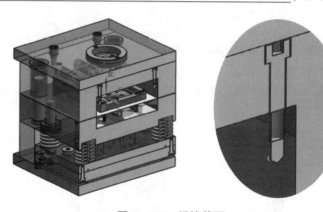

图5-297　螺栓截面1

操作步骤2：添加4个螺栓，将型芯紧固在B板上。

1）单击"标准件库"命令 。

2）在"文件夹视图"中选择"DME_ MM"，在展开的列表中选择"Screw"。

3）在"成员视图"中选择"SHCS［Manual］"。

4）在"放置"中，"父"设置为"＊＊＊_ misc_ side_ b_ ＊＊＊"，单击"选择面或平面"，选择型芯的底面（红色处），如图5-298所示。

5）在"详细信息"中设置参数。

螺栓规格："SIZE=8"。

定位方式："ORIGIN_ TYPE=3"。

螺栓长度："LENGTH=45"。

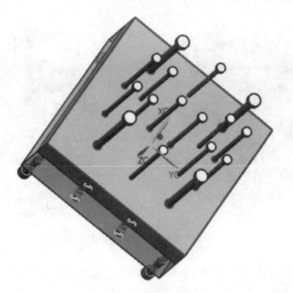

图 5 – 298　添加 B 板螺栓

放置模侧："SIDE = B"。

锁紧深度："ENGAGE_ MIN = SCREW_ DAI * 1.5 + 1"。

6）单击"确定"按钮。

7）在弹出的"标准件位置"对话框中，设置"X 偏置 = 80"及"Y 偏置 = 85"。

8）单击"应用"按钮。

9）重复步骤 7）、8），分别在以下位置添加另外 3 个螺栓：

① "X 偏置 = 80"，"Y 偏置 = - 85"；

② "X 偏置 = - 80"，"Y 偏置 = 85"；

③ "X 偏置 = - 80"，"Y 偏置 = - 85"。

10）在弹出的"标准件位置"对话框中单击"取消"按钮。

11）单击"腔体"命令 ，注意设置"工具类型"为"组件"，使用 4 个螺栓对 B 板、型芯求腔，如图 5 – 299 所示。

 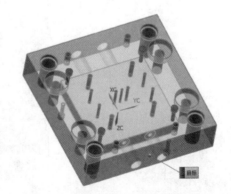

图 5 – 299　B 板求腔

12）使用"编辑工作截面（【Ctrl】+【H】）"等命令，观察 4 个螺栓，如图 5 – 300 所示。

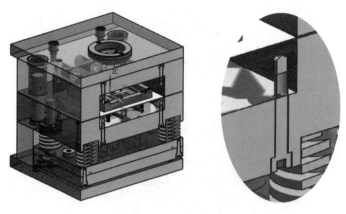

图 5 – 300　螺栓截面 2

操作步骤 3：添加支撑柱（撑头），减少 B 板在成型时的弯曲变形。

1）单击"标准件库"命令 。

2）在"文件夹视图"中选择"DME_ MM"，在展开的列表中选择"Support Pillar"。

3）在"成员视图"中选择"Support Pillar（ST A，STB）"，如图 5 – 301 所示。

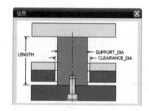

图 5 – 301　支撑柱标准件

4）在"放置"中，"父"设置为" ＊＊＊_ misc_ side_ b_ ＊＊＊"，如图 5 – 302 所示。

5）在"详细信息"中设置参数，如图 5 – 303 所示。

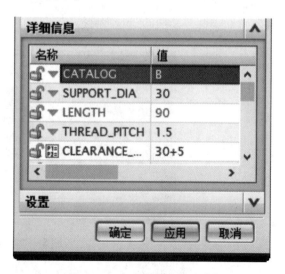

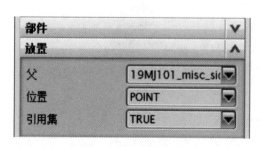

图 5 – 302　支撑柱位置点

图 5 – 303　支撑柱参数设计

支撑柱类型："CATALOG = B"。

支撑柱直径："SUPPORT_ DIA = 50"。

支撑柱长度："LENGTH = 90"。

6）单击"确定"按钮。

7）在弹出的"点"对话框中，输入"XC = 36"及"YC = 0"，单击"确定"按钮。

8）在弹出的"点"对话框中，输入"XC = - 36"及"YC = 0"，单击"确定"按钮。

9）在弹出的"点"对话框中，输入"XC = 0"及"YC = 82"，单击"确定"按钮。

10）在弹出的"点"对话框中，输入"XC = 0"及"YC = - 82"，单击"确定"按钮。

11）在弹出的"点"对话框中，单击"取消"按钮。

12）观察结果，如图 5 - 304 所示。

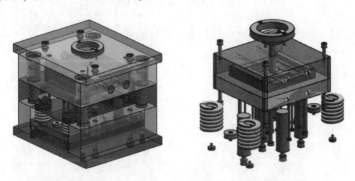

图 5 - 304　支撑柱坐标设计

13）使用 4 根支撑柱对顶针面板、顶针底板、模胚底板进行求腔，如图 5 - 305 所示。

图 5 - 305　支撑柱求腔

14）观察结果，并测量：

①支撑柱的直径为_____，顶针面板的避孔空直径为_____，两者相差_____。

②C 板的厚度为_____，支撑柱的高度为_____。真实装配时，支撑柱要比 C 板高出 0. 15 mm，这样做的好处是_____。如图 5 - 306 所示。

15）单击"保存（【Ctrl】+【S】）"命令。

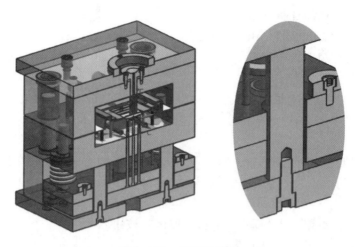

图 5 – 306   支撑柱截面

操作步骤 4：添加 4 个吊环螺栓，以便于模具的搬运。

1）单击"标准件库"命令 📇。

2）在"文件夹视图"中选择"MISUMI"，在展开的列表中选择"Mold Accessories"，如图 5 – 307 所示。

　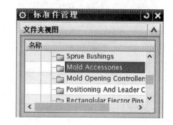

图 5 – 307   吊环标准件管理

3）在"成员视图"中单击"翻页"按钮 ▶ 进行翻页，选择"CHI（Lifting Eye Bolt）"，如图 5 – 308 所示。

　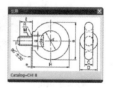　

图 5 – 308   吊环图示

4）在"放置"中，"父"设置为"＊＊＊_ misc_ side_ a_ ＊＊＊"，单击"选择面或平面"，选择 A 板在 – Y 方向的侧面（红色处），如图 5 – 309 所示。

5）在"详细信息"中，设置"M = 12"，如图 5 – 310 所示。

6）单击"应用"按钮。

7）在弹出的"标准件位置"对话框中，在"偏置"的"指定点"旁单击 🞤，如图 5 – 311 所示。

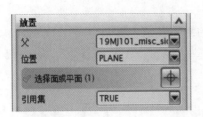 

图 5 – 309　吊环位置设计

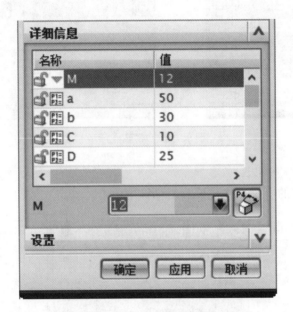

图 5 – 310　吊环参数设计

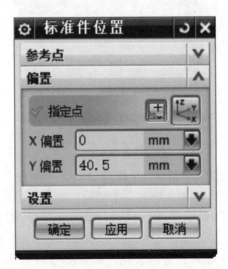

图 5 – 311　吊环位置尺寸

8）在弹出的"点"对话框中设置：

① "类型"为"点在面上"；

②在"面"中选择 A 板在 $-Y$ 方向的侧面（红色处）；

③在"面上的位置"中"U 向参数"为"0.5"，"V 向参数"为"0.5"，如图 5－312 所示。

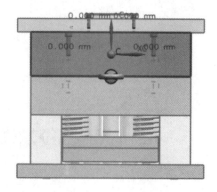

图 5－312　吊环点标示

9）单击"确定"按钮。

10）在重新弹出的"标准件位置"对话框中单击"确定"按钮，如图 5－313 所示。

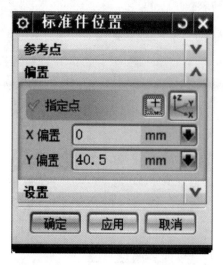

图 5－313　吊环尺寸确定

11）在重新弹出的"标准件管理"对话框中，在"部件"中单击"添加实例"，在"放置"中"选择面或平面"为 A 板的另一个侧面，单击"确定"按钮。

12）在"标准件位置"对话框中，选择刚添加的吊环螺栓的圆心，单击"确定"按钮。

13）使用 2 个吊环螺栓对 A 板进行求腔，如图 5－314 所示。

14）重复步骤 1）～12），为 B 板添加 2 个吊环螺栓。

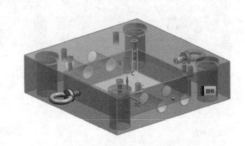

图 5 - 314　两侧吊环图示

提示：

在"标准件管理"对话框中，"放置"中的"父"设置为"＊＊＊_ misc_ side_ b_ ＊＊＊"，如图 5 - 315 所示。

图 5 - 315　模板吊环图示

操作步骤 5： 添加锁模块。

1）单击"标准件库"命令 。

2）在"文件夹视图"中选择"FUTABA_ MM"，在展开的列表中选择"Strap"，如图 5 - 316 所示。

3）在"成员视图"中选择"M - OPA"，如图 5 - 317 所示。

4）在"放置"中，"父"选择"＊＊＊_ misc_ ＊＊＊"，"选择面或平面"为 B 板在 + XC 方向的侧面，如图 5 - 318 所示。

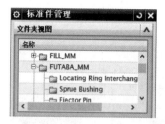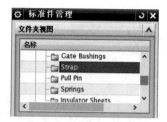

图 5 –316　锁模块标准件管理

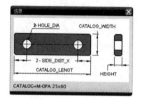

图 5 –317　锁模块设计

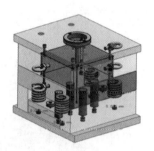

图 5 –318　锁模块平面设计

5）在"详细信息"中设置参数，如图 5 –319 所示。

锁模块宽度："CATALOG_ WIDTH = 25"。

锁模块长度："CATALOG_ LENGTH = 60"。

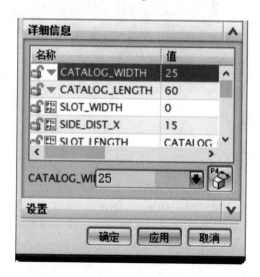

图 5 –319　锁模块参数设计

6）单击"确定"按钮。

7）在弹出的"标准件位置"对话框中，将锁模块向 + X 方向移动 115 mm，向 + Y 方向移动 15 mm，单击"确定"按钮，如图 5 – 320 所示。

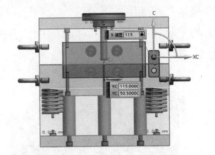

图 5 – 320　锁模块尺寸位置

8）单击"标准件库"命令 ⬛。

9）在"文件夹视图"中选择"DME_ MM"下的"Screws"。

10）在"成员视图"中选择"SHCS［Manual］"。

11）在"放置"中，"父"设置为"＊＊＊_ misc_ ＊＊＊"，单击"选择面或平面"，选择锁模块的顶面（红色处），如图 5 – 321 所示。

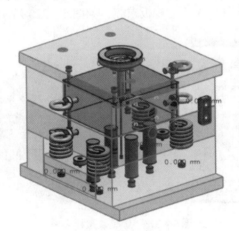

图 5 –321　锁模块装配效果

12）在"详细信息"中设置参数。

螺栓规格："SIZE = ＿＿＿＿"。

提示：

螺栓规格即螺纹大径，比过孔的直径小一点，取整数。

定位方式："ORIGIN_ TYPE = 2"。

螺栓长度："LENGTH = ＿＿＿＿"。

提示：

螺钉长度 = 过孔长度 + 螺纹大径 × 1.5，取整数。

13）单击"确定"按钮。

14）在弹出的"标准件位置"对话框中，分别选择锁模板上的两个圆孔边缘，添加2个螺栓，如图 5 – 322 所示。

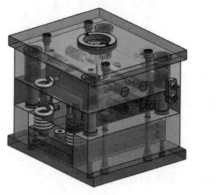

图 5 – 322　锁模块螺栓

15）使用 2 个螺栓分别对 A 板、B 板求腔，如图 5 – 323 所示。

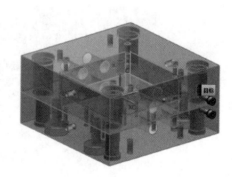

图 5 – 323　锁模块螺栓求腔

16）重复步骤 8）~ 15），在模胚的对角侧添加另一个锁模板及 2 个螺栓，如图 5 – 324 所示。

图 5 – 324　两侧锁模块效果

操作步骤 6：保存整个项目。

1）单击"全部显示（【Ctrl】+【Shift】+【U】）"命令。

2）单击"正三轴测图（Home）"命令。

3）单击"保存"命令，如图 5 – 325 所示。

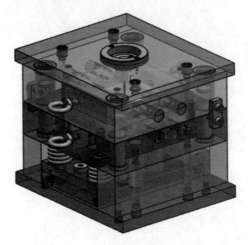

图 5 – 325 图档保存

操作步骤 7：将整个项目文件提交给客户。

1）检查项目所在的文件夹，如 19MJ101 – 5 – 1。

2）将文件夹 19MJ101 – 5 – 1（包含内部的所有部件）提交给客户。

学习反馈

1）是否掌握型芯、型腔的紧固方式？　　　　□ 是　　□ 否

2）是否能够说出支撑柱的作用？　　　　　　□ 是　　□ 否

3）是否能够说出垃圾钉的作用？　　　　　　□ 是　　□ 否

4）是否能够添加相关的标准件？　　　　　　□ 是　　□ 否

5）是否按要求保存模具项目？　　　　　　　□ 是　　□ 否

任务 6   盖板注塑模具设计

任务引入

分析产品的注塑成型工艺，完成一模两腔的模具结构设计。

任务目标

知识目标

1）了解产品体积、重量以及壁厚的知识；

2）了解材料的收缩率；

3）掌握动、定模仁的设计标准；

4）掌握模胚的设计标准；

5）掌握浇注系统的设计标准；

6）掌握顶出系统的设计标准。

技能目标

1）能够分析产品的壁厚、拔模斜度、圆角等对于注塑成型工艺的影响；

2）能够描述模具的主要结构：型芯型腔、模胚、浇注系统、推出系统、冷却系统等；

3）能够应用NX软件的注塑模向导，完成产品的一模一腔模具结构设计。

素养目标

1）培养学生的设计创新能力；

2）培养学生严谨求实、合理化设计的能力；

3）培养学生节省流道材料、形成节省的思维；

4）提升冷却速率，具备效率和时间方面的理念。

任务描述

现接到客户的塑件模型，材料为ABS，收缩率为1.005。要求设计1套一模两腔的注塑模具，要求塑件外观平整、光洁，无飞边与顶白等瑕疵，如图6-1所示。

图6-1 产品图

作为企业的一名设计师，请根据客户对产品的要求，完成以下任务：

1) 了解一模两腔模具的结构特点，制定分模方案；

2) 应用注塑模向导，完成产品一模两腔的模具结构设计。

任务计划

任务计划见表6-1。

表6-1 任务计划

___班 第____小组						
ID	姓名	学号	自我评价	组长评价	小组自评	教师总评
组长						
组员1						
组员2						
组员3						
组员4						
组员5						

子任务6.1　初始化项目

任务引入

初始化模具项目，构建项目的设计架构。

任务目标

知识目标

1) 了解产品的体积、重量以及壁厚；

2) 熟悉产品的脱模斜度及斜度标准；

3) 了解模仁尺寸的设计标准。

技能目标

1) 能够分析产品的注塑成型工艺；

2) 能够根据经验数值，选择合适的模仁尺寸；

3) 能够应用注塑模向导，完成项目的初始化。

素养目标

1) 培养学生的设计创新能力；

2) 培养学生严谨求实、合理化设计的能力。

任务描述

分析产品的注塑成型工艺，设计模仁尺寸，完成项目的初始化。

任务实施

引导问题 1：请检查产品的模型，填写以下信息：

长度（*Y* 方向）_____mm，宽度（*X* 方向）_____mm，高度（*Z* 方向）_____mm，厚度_____mm，体积_____cm³。

引导问题 2：产品的材料是 ABS，材料收缩率为_____。若 ABS 的密度为 1.1 g/cm³（1.1 克/立方厘米），根据公式"质量 = 密度·体积"，则本产品的质量为：____g（克）。

引导问题 3：产品的壁厚是____，平均壁厚是_____，最大壁厚是_____。

产品的壁厚尽可能相同。本产品的壁厚是否满足这一条件？（□ 是　□ 否）

引导问题 4：塑料产品除了要求采用尖角处外，其余的转角处均应尽可能采用圆角过渡。本产品转角处是否满足这一条件？（□ 是　□ 否）

引导问题 5：在工作坐标中，选择_____方向作为分模方向。（参考选项：+ *XC*、+ *YC*、+ *ZC*），如图 6 - 2 所示。

图 6 - 2　产品坐标

引导问题 6：塑料产品的内、外表面沿脱模方向要求有足够的斜度。本产品的内、外表面是否满足这一条件？（□ 是　□ 否）

提示：

1）单击"拔模分析"（菜单→分析→形状→拔模）命令。

2）在"拔模分析"对话框的"目标"中选择产品的所有表面，在"正向拔模"中"限制角度"设置为"0.100 0"，单击"确定"按钮，如图 6 - 3 所示。

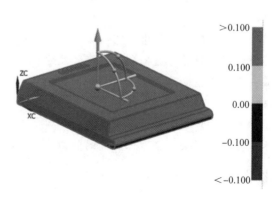

图 6 - 3　产品拔模分析

3）请观察拔模分析的结果，并判断分型线的位置。

引导问题 7：请观察拔模分析的结果，并在图 6 - 4 中描出分型线。

图 6 - 4　标示产品分型线（附彩插）

引导问题 8：请在图 6 - 5 中根据分型线描出分型面示意图，并标明主分型面。

图 6 - 5　主分型面

引导问题 9：当主分型面为平面时，工作坐标系的 XC - YC 平面应与主分型面重合。若不重合，则可以采用"移动对象（【Ctrl】+【T】）"命令来移动产品，使主分型面与工作坐标系的 XC - YC 平面重合，且 YC 方向为产品的长度方向。

提示：

1）单击"对象（【Ctrl】+【I】）"（菜单→信息→对象）命令。

2）在"选择过滤器"中选择"面"，如图 6 - 6 所示。

3）在"类选择"对话框中选择产品中与主分型面共面的平面，单击"确定"按钮，如图 6 - 7 所示。

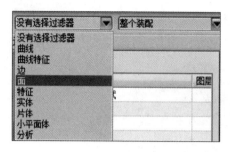
图 6-6　面选择

图 6-7　类选择

4）在弹出的"信息"中，检查："ZC"是否为0，"K"是否为-1。若都正确，则说明主分型面与工作坐标系的 $XC-YC$ 平面重合，如图6-8所示。

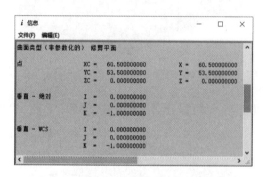

图 6-8　信息查询

工作技能—初始化项目

操作步骤1：准备产品文件。

1）将产品文件另存为"19MJ101.prt"，所在文件夹为"19MJ101-6-1"。

提示：

"19MJ101-6-1"中，"19"为年级，"MJ"为模具，"101"为学号后三位，"6"为任务号，"1"为项目号。

2）在NX中打开产品，双击"部件导航器"中的特征"A文本（1）"；在"文本"对话框的"文本属性"中，将"19MJ101"的后三位改为学号后三位，单击"确定"按钮，如图6-9所示。

图 6-9　修改文本属性

3）单击"保存"命令。

操作步骤2：进入"注塑模向导"应用模块，如图6-10所示。

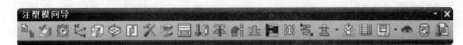

图6-10 注塑模向导

操作步骤3：初始化项目。

1）单击"初始化项目"命令 。

2）在"产品"中会自动选择1个实体。

3）在"项目设置"中，"材料"为"ABS"，"收缩率"为"1.005"，"配置"为"原先的"，单击"确定"按钮，等待项目完成初始化。

提示：

在"配置"中，各个选项都能完成项目的初始化。其中，选项"原先的"是从旧版本软件一直延续过来的，因此优先选用，以保持新旧版本软件间的连续性，如图6-11所示。

4）切换到"装配导航器"，检查初始化项目，如图6-12所示。

①所有部件的前缀是_____。

②总装配是_____。

③总装配下共有_____个组件。

④您认为初始化项目是否正确？□ 是　　□ 否

图6-11 初始化

图6-12 装配导航器

5）单击"保存"命令。

操作步骤4：设置模具坐标系（CSYS）。

1）单击"模具CSYS"命令 。

2）在"模具CSYS"对话框中，"更改产品位置"为"产品实体中心"，"锁定XYZ

位置"为"锁定 Z 位置",单击"确定"按钮,如图 6 – 13 所示。

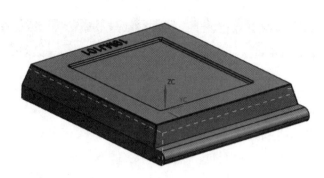

图 6 – 13　设定模具坐标

提示：

选项"锁定 Z 位置"表示在移动产品时,产品在 Z 方向是不动的,即保持产品主分型面与工作坐标系的 XC – YC 平面重合。

操作步骤 5：检查收缩率是否正确。

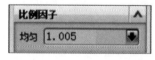

图 6 – 14　设定收缩率

1) 单击"收缩率"命令 🔲。

2) 在"比例因子"中检查收缩率数值是否正确。如果正确,则单击"取消"按钮;如果不正确,则输入正确值,单击"确定"按钮,如图 6 – 14 所示。

操作步骤 6：设计模仁(工件)的尺寸。

1) 单击"工件"命令 ⬡,如图 6 – 15 所示。

2) 在"工件"对话框中列出了"Product Maximum Size(产品最大尺寸)"。请写出产品的尺寸信息："X" = ＿＿＿ ,"Y" = ＿＿＿ ,"Z_ down" = ＿＿＿ ,"Z_ up" = ＿＿＿ 。

图 6 – 15　设计工件

3）如图 6-16 所示，根据模仁尺寸经验值，模仁在六个方向上与产品的距离应为："X -""X +"（A 值）：_____；"Y -""Y +"（A 值）：_____；"Z_ down"（C 值）：_____；"Z_ up"（B 值）：_____。

模仁的总宽度是_____，总长度是_____，总高度是_____。

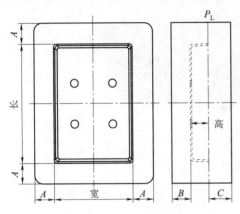

mm

高	长或宽	A	B	C
0~30	0~150	20~25	20~25	20~30
	150~250	25~30		
	250~300	25~30	25~30	
30~80	0~150	25~30	25~35	30~40
	150~250	25~35		
	250~300	30~35	35~40	
>80	0~150	35~40	35~40	35~45
	150~250	35~45		
	250~300	40~55	40~50	

图 6-16　设计工件标准

4）由于本部分要求一模两腔，为了减小模仁、降低成本，同时缩短分流道长度，因此在 +Y 方向上的模仁尺寸应该减少，其附加值由"25"减小为"15"。

5）在"工件"对话框的"尺寸"中，双击需要编辑的尺寸位置，输入新的数值，单击"确定"按钮，如图 6-17 所示。

图 6-17　设计工件参数

操作步骤 7：型腔布局。

1）单击"型腔布局"命令 ⬚。

2）在"产品"中系统会自动选择产品；在"布局类型"中选择"矩形""平衡"，并设置"指定矢量"为 +YC 方向；在"平衡布局设置"中"型腔数"为"2"；单击"生成布局"中的"开始布局"选项。如图 6-18 所示。

3）单击"编辑布局"选项中的"自动对准中心"按钮 ⬚，模仁将会平移，模具中心与模具坐标系的 Z 轴重合，如图 6-19 所示。

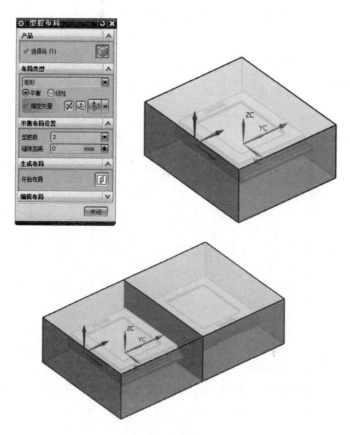

图 6 – 18　型腔布局

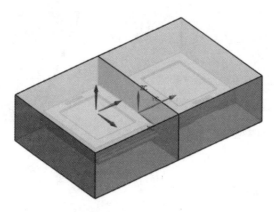

图 6 – 19　编辑型腔布局

4）单击"关闭"按钮。

操作步骤8：保存项目。

1）在"装配导航器"中，双击总装配"19MJ101_ top_ ＊＊＊"。

2）单击"正三轴测图（Home）"命令。

3）单击"保存"命令。

学习反馈

1）是否理解阶梯式分型面的特点？　　　　　□ 是　　□ 否
2）是否理解项目初始化后的装配结构？　　　□ 是　　□ 否
3）是否能够根据经验值表选择并调整模仁尺寸？□ 是　　□ 否
4）是否理解了一模两腔的布局特点？　　　　□ 是　　□ 否
5）是否按要求保存模具项目？　　　　　　　□ 是　　□ 否

子任务 6.2　分模设计

任务引入

将模仁分割得到型芯、型腔，使得塑件可以从模具中取出。

任务目标

知识目标

1）掌握分型线的设计标准；
2）学习补面的命令。

技能目标

1）能够根据产品的结构特点，制定分模方案；
2）能够应用边缘修补命令，完成补面设计；
3）能够应用分型工具，完成产品的分模设计。

素养目标

1）培养学生的设计创新能力；
2）培养学生动脑、动手的积极性。

任务描述

制定分模方案，应用分型工具完成分模设计。

任务实施

引导问题 1：分型面的主要形式有平面、斜面、阶梯面、曲面。本产品选择的分型面的形式是_____。

一般塑料模都只有一个分型面，但是有的有多个分型面。动、定模之间就只有一个分型面，其形式可分为单分型面、台阶分型面、斜分型面、异形分型面等，如图 6-20 所示。

产品的分型面是根据产品的具体形状而设计出来的。设计师优先设计平直的分型面，对于模具加工制造会更为简便。

引导问题 2：分型面一般选择在塑件的最大截面处，否则会给脱模与加工带来极大的困难。在图 6-21（a）和图 6-21（b）中，哪个分型面选择得当？_____。

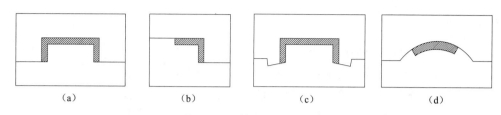

图 6-20　基本分型面类型

（a）单分型面；（b）台阶分型面；（c）斜分型面；（d）异形分型面

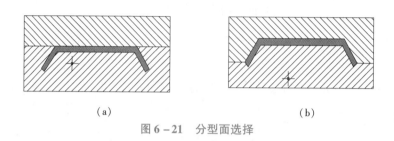

（a）　　　　　　　　　　　　　（b）

图 6-21　分型面选择

引导问题 3：分型面的选择应满足塑件的外观质量要求。由于塑件在分型面处不可避免地会留下溢流飞边的痕迹，因此分型面最好不要设在塑件光亮平滑的外表面或带圆弧的转角处，以免对塑件的外观质量产生影响。在图 6-22（a）和图 6-22（b）中，哪个分型面不会影响塑件的外观？＿＿＿＿＿＿＿。

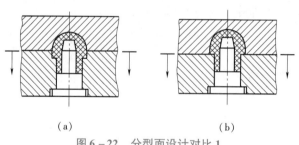

（a）　　　　　　　　　　　　　（b）

图 6-22　分型面设计对比 1

提示：

在图 6-22 中，带箭头的粗横线表示分型面，其中的箭头方向表示开模方向。

引导问题 4：分型面的选择应有利于塑件的顺利脱模。如开模后应尽量使塑件留在动模侧，以便利用注塑机上的顶出机构来推出产品。在图 6-23（a）和图 6-23（b）中，哪个分型面有利于塑件的顺利脱模？＿＿＿＿＿＿＿。

引导问题 5：分型面的选择应有利于排气。在设计分型面时，应尽量使充填模具型腔的塑料熔体的料流末端在分型面上，这样有利于排气。在图 6-24（a）和图 6-24（b）中，哪个分型面有利于排气？＿＿＿＿＿＿＿。

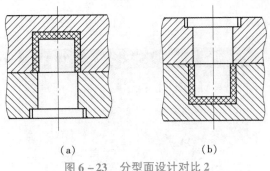

（a）　　　　　　　　（b）

图 6 – 23　分型面设计对比 2

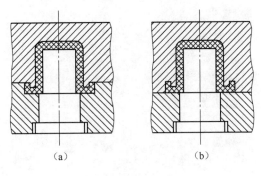

（a）　　　　　　　　（b）

图 6 – 24　分型面设计对比 3

引导问题 6：分型面的选择应保证塑件精度要求。对于与分型面垂直的尺寸，若该尺寸与分型面有关，则其尺寸精度会因分型面在注射成型时有胀开的趋势而受到影响。在图 6 – 25（a）和图 6 – 25（b）中，哪个分型面有利于保证尺寸 L 的精度？

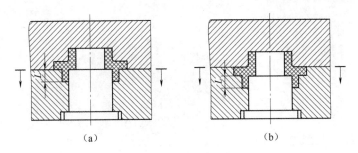

（a）　　　　　　　　（b）

图 6 – 25　分型面设计对比 4

工作技能—分模设计

操作步骤 1：检查型芯、型腔区域。

1）单击"模具分型工具"命令 。

2）单击"模具分型"工具栏中的"检查区域"命令 ，弹出检查区域对话框，如图 6 – 26 所示。

3）单击"计算"图标 ，等待计算完成。

4）单击"区域"选项卡，"型腔区域"的数量为_____，"型芯区域"的数量为_____，"未定义的区域"数量为_____，如图 6 - 27 所示。

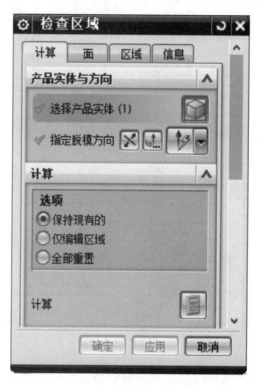

图 6 - 26　模具分型检查

图 6 - 27　检查操作

5）单击"设置区域颜色"按钮![按钮]，橙色的面是_____，蓝色的面是_____，红色的线是_____（参考选项：型腔面、型芯面、分型线），如图 6 - 28 所示。

图 6 - 28　检查结果

6）检查区域定义情况："型腔区域"的数量为_____，"型芯区域"的数量为_____，"未定义的区域"数量为_____（必须为0）。

7）单击"确定"按钮，查看区域检查结果。

8）单击"保存（【Ctrl】+【S】）"命令。

操作步骤2：曲面补片（补面）。

本产品需要进行补面吗？ □ 是 □ 否

操作步骤3：定义区域，将型芯面、型腔面自动抽取到型芯、型腔部件。

1）单击"定义区域"命令🔧，检查区域中面的数量：未定义的面___个（必须为0）、型腔区域___个、型芯区域___个、新区域___个（必须为0）。在"设置"中勾选"创建区域""创建分型线"选项，单击"应用"按钮。

2）检查"型腔区域""型芯区域"前面是否出现"√"，如果没有出现，则检查产品的面，并重新进行区域检查和定义区域，如图6-29所示。

模块 2 任务

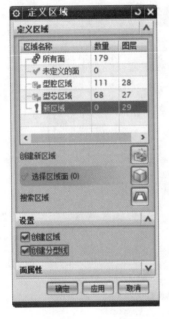 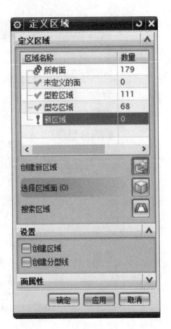

图6-29 定义区域

3）单击"取消"按钮。

4）单击"保存"命令。

操作步骤4：创建分型面。

1）单击"设计分型面"命令📄，如图6-30所示。

提示：

①系统自动选择了分型线，分型线数量是_____。

②系统在"创建分型面"中自动选择"带条曲面"▨作为创建分型面的方法，是否可行？□ 是 □ 否

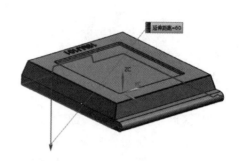

图 6 – 30　设计分型面 1

③在"创建分型面"中,"拉伸""修剪和延伸"等命令是否可行? □ 是　　□ 否

2)在"编辑分型段"中单击"选择分型或引导线"按钮，如图 6 – 31 所示。

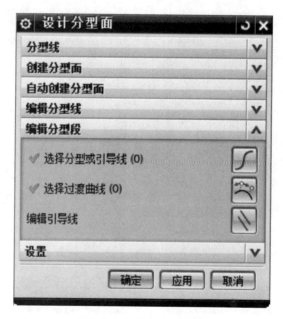

图 6 – 31　设计分型面 2

3)将鼠标移动到图 6 – 32 所示长直线处,出现蓝、黄、红三个箭头。在红色箭头处单击鼠标左键,创建一条与红色箭头同轴的引导线(第 1 条),如图 6 – 32 所示。

图 6 – 32　创建引导线 1 (附彩插)

4）将鼠标沿斜线向上，靠近图6-33所示的短直线，在红色箭头处单击鼠标左键，创建第2条引导线，如图6-33所示。

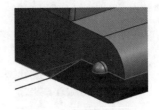

图6-33　创建引导线2

5）将产品转动到 +Y 侧，创建第3条、第4条引导线，如图6-34所示。

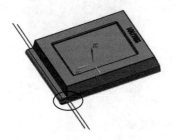

图6-34　创建引导线3

6）将产品转动到 -X 侧，创建第5条、第6条引导线，如图6-35所示。

图6-35　创建引导线4

7）在"自动创建分型面"中，单击"自动创建分型面"按钮，如图6-36所示。

图6-36　自动分型

8）单击"确定"按钮。

提示：

引导线用来将分型线进行分段处理，不同的段采用适宜的创建分型面的方法。要查看创建分型面的方法，则重新单击"设计分型面"命令，在"分型线"中单击"分段1"，将在"创建分型面"中高亮显示"分段1"采用了"拉伸"方法来创建分型面。依次单击其他的分段，可以查看相应的创建分型面的方法，如图6-37所示。

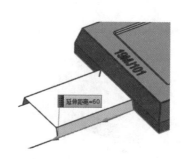

图6-37 设计距离

操作步骤4： 定义型腔和型芯。

1）单击"定义型腔和型芯"命令，对话框中默认选择的片体是"型腔区域"，图形区中属于型腔区域的曲面将高亮显示（红色），如图6-38所示。

图6-38 定义型腔

2）单击"应用"按钮，生成型腔实体（上模仁），在弹出的"查看分型结果"对话框中单击"确定"按钮，如图6-39所示。

图6-39 查看分型效果

3）在重新弹出的"定义型腔和型芯"对话框中选择"型芯区域"，单击"确定"按钮，如图6-40所示。

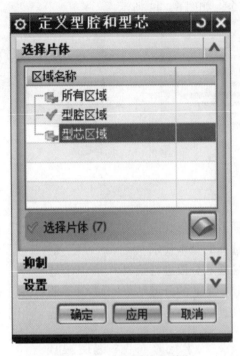

图6-40　定义型腔和型芯

4）在弹出的"查看分型结果"对话框中单击"确定"按钮，如图6-41所示。

 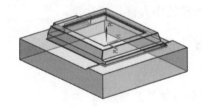

图6-41　查看分型效果

5）单击"模具分型工具"栏右上角的"×"，关闭工具栏，如图6-42所示。

图6-42　关闭工具栏

操作步骤5：返回总装配，查看型腔和型芯部件，并保存。

1）在"装配导航器"中，在"＊＊＊_ parting_ ＊＊＊"部件上单击鼠标右键，在弹出的菜单中选择"显示父项"，再选择"＊＊＊_ top_ ＊＊＊"。

2）在"装配导航器"中，在"＊＊＊_ top_ ＊＊＊"部件上双击鼠标左键，将该部件设置为工作部件。

3）单击"正三轴测图（Home）"命令。

4）单击"保存"命令，如图6-43所示。

 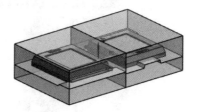

图6-43　保存图形

学习反馈

1）是否能说出分型面的四种形式？	□ 是	□ 否
2）是否理解分型面选择的基本要求？	□ 是	□ 否
3）是否能够使用引导线对分段进行编辑？	□ 是	□ 否
4）是否能够查看型腔、型芯的分型结果？	□ 是	□ 否
5）是否按要求保存模具项目？	□ 是	□ 否

子任务6.3　选用模胚

任务引入

选择合适的模胚作为模具的骨架。

任务目标

知识目标

1）了解模胚标准件厂商；

2）熟悉模胚各类型的使用范围；

3）了解模胚各组成部分。

技能目标

1）能够说出模胚的主要类型；

2）能够陈述大水口模胚的结构特点；

3）能够应用命令调用模胚，设置合理的模胚参数。

素养目标

1）培养学生设计创新能力；

2）培养学生安全意识。

任务描述

选择合适的模胚类型，设置合理的模胚参数。

任务实施

引导问题 1：模胚中导柱导套的主要作用是：导向、定位、承重。请标出模胚中的导柱，其数量为___个。如图 6-44 所示。

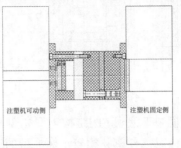

注塑机可动侧　　　　　　　　注塑机固定侧

图 6-44　模胚图示

引导问题 2：根据浇注系统的形式，模胚可分为大水口模胚、细水口模胚及简化型细水口模胚。

两板模中工字模 I 的结构类型如图 6-45 所示，分为 AI、BI、CI、DI 四种型号，主要差异点在于有无推板或支撑板。

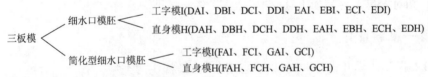

图 6-45　两板模中工字模 I 中的类型

三板模中工字模 I 的结构类型如图 6-46 所示，分为 DAI、DBI、DCI、DDI 等多种型号，细水口板在顶板下方。三板模结构可实现多种进胶方式，同时也可完成复杂的模具动作。

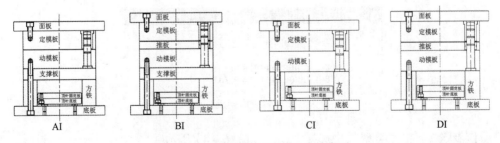

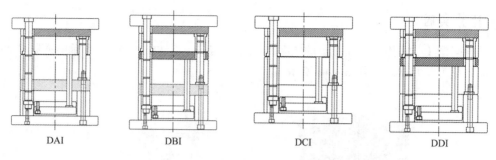

图 6 – 46   三板模中工字模 I 的类型

简化型三板模中工字模 I 的结构类型如图 6 – 47 所示，分为 FAI、FCI 等型号，主要差异点为后模无导柱。此种模胚相较于标准型的三板模，少了四套导向的导柱导套，模胚价格会稍微便宜点，但是烧导柱的概率会大一点。

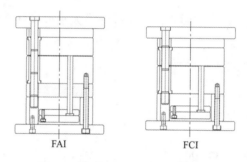

图 6 – 47   简化型三板模类型图示

引导问题 3：大水口类型模胚的特点是：分流道与浇口在分型面上，与塑件在开模时一起脱模，设计相对简单、容易加工且成本较低。

工作技能—模胚设计

操作步骤 1：打开"模胚设计"对话框，选择供应商提供的类型。

1）单击"模胚"命令圖。

2）单击"目录"下拉菜单，选择"LKM_ SG"，如图 6 – 48 所示。

图 6 – 48   模架设计

操作步骤 2：在"类型"中选择"C"，如图 6 – 49 所示。

查看"布局信息"可知：模仁宽度"W"为____、长度"L"为____，模仁高于主分型面距离"Z_ up"为____，模仁低于主分型面距离"Z_ down"为____。

操作步骤 3：选择模胚的规格，单击"应用"按钮，生成模胚，如图 6 – 50 所示。

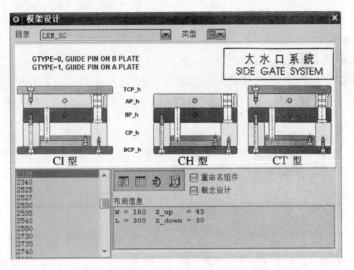

图 6 - 49　模架类型选择

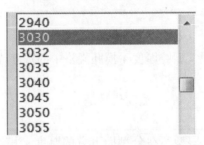

图 6 - 50　模架大小选择

提示:

1）模胚的规格选择与模仁大小直接相关。根据经验，所选择模胚的顶针面板宽度 B 应与模仁宽度 A 相若，如图 6 - 51 所示。

您所设计的模仁宽度与长度分别是_____、_____。

在所选择的模胚中，顶针面板的宽度参数"EF_ W"的值为_____。

判断所选择模胚顶针面板的宽度与模仁宽度是否相若？□ 是　□ 否　　如图 6 - 52 所示。

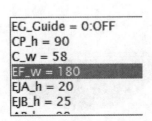

图 6 - 51　相关参数选择

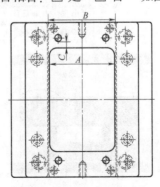

图 6 - 52　顶针板大小

2）如图 6 – 52 所示，模仁在长度方向上应该位于复位杆之间，且保证与复位杆距离的 C 为 10 ~ 15 mm。

测量得到的距离 C 是＿＿＿。

所选择的模胚在长度上是否合适？□ 是　　□ 否

操作步骤 4：在参数"Mold_ type"中选择工字模"＿＿：I"，如图 6 – 53 所示。

图 6 – 53　模架参数设计

操作步骤 5：在 A 板厚度参数中"AP_ h"选择为＿＿＿＿，在 B 板厚度参数中"BP_ h"选择为＿＿＿＿。

提示：

1）按经验，A 板的厚度 = 型腔厚度 + 模胚规格中的宽度代号，往整十取整。

设计的型腔厚度是＿＿＿＿＿＿。

选择的模胚规格是＿＿＿＿＿，宽度代号是＿＿＿＿＿。

计算 A 板的厚度 = ＿＿＿＿＿＿＿＿＿＿＿＿＿＿＿＿＿＿＿＿。

2）按经验，B 板的厚度 = 型芯在分型面下方的厚度 + 模胚规格中的长度代号，往整十取整。

设计型芯在分型面下方的厚度是＿＿＿＿＿。

选择的模胚规格是＿＿＿＿＿，长度代号是＿＿＿＿＿。

计算 B 板的厚度 = ＿＿＿＿＿＿＿＿＿＿＿＿＿＿＿＿＿＿＿＿。

操作步骤 6：设置参数"fix_ open""move_ open"均为"0.5"，如图 6 – 54 所示。

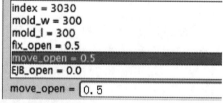

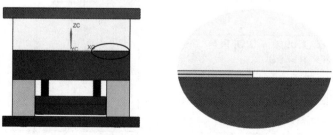

图 6 – 54　模板间隙图示

操作步骤7：设置参数"EJB_ open"为"-5"，将底针板往+Z方向离开底板5 mm，如图6-55所示。

图6-55 顶针板间距

操作步骤8：单击"确定"按钮，生成模胚，如图6-56所示。

在图6-56中标出以下零件，并完成填空：

（1）顶板（厚度____）、A板（厚度____）、B板（厚度____）、C板（厚度____）、面针板（厚度____）、底针板（厚度____）、底板（厚度____）。

（2）导柱（外径____）、导套（外径____）、复位杆（直径____）。

（3）顶板与A板之间的连接螺钉：M __×__，共____个。

（4）面针板与底针板之间的连接螺钉：M __×__，共____个。

（5）底板与C板之间的连接螺钉：M __×__，共____个。

（6）底板与B板之间的连接螺钉：M __×__，共____个。

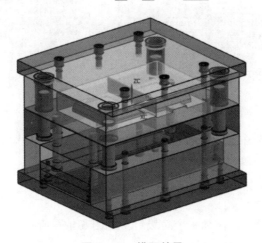

图6-56 模胚效果

操作步骤9：添加垃圾钉，将顶针底板与模胚底针板隔开5 mm。

1）单击"标准件库"命令 。

2）在"文件夹视图"中双击"DME_ MM"，在展开的列表中选择"Stop Button"，如图6-57所示。

3）在"成员视图"中选择"Stop Pin（SB）"，如图6-58所示。

4）在"放置"中，"父"为"＊＊＊_ misc_ side_ b_ ＊＊＊"，"选择面或平面"为模胚底针板的底面。

 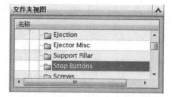

图 6 – 57　垃圾钉标准件

图 6 – 58　垃圾钉图示

提示：

可以使用"隐藏（【Ctrl】+【B】）"命令将底板临时隐藏起来，如图 6 – 59 所示。

图 6 – 59　垃圾钉位置

5）在"详细信息"中设置参数。

直径"DIAMETER = 26"；

高度"HEIGHT = 5"。

6）单击"应用"按钮。

7）在每一个复位杆下方添加一个垃圾钉，如图 6 – 60 所示。

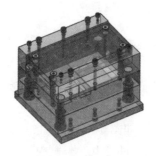 

图 6 – 60　垃圾钉效果

8）单击"全部显示（【Ctrl】+【Shift】+【U】）"命令，显示所有部件。

9）通过"腔体"命令 ，使用 4 个垃圾钉对顶针面进行求腔。

10）单击"保存（【Ctrl】+【S】）"命令。

操作步骤 10：创建一个长方体（腔体），对 A 板、B 板求腔，获得型腔、型芯的安装空间。

1）单击"布局"命令，弹出"型腔布局"对话框。

2）在"编辑布局"中单击"编辑插入腔"，弹出"插入腔体"对话框。

3）设置参数：R = 10，type = 0。

4）单击"确定"按钮。

5）在"型腔布局"对话框中单击"关闭"按钮，如图 6 - 61 所示。

6）通过"腔体"命令，使用长方体（腔体）对 A 板、B 板进行求腔，如图 6 - 62 所示。

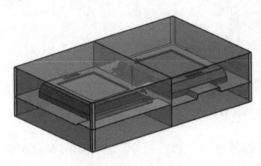

图 6 - 61　创建腔体

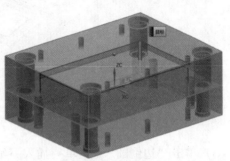

图 6 - 62　求腔

7）在"装配导航器"中，鼠标右键单击腔体部件"＊＊＊_ pocket_ ＊＊＊"，在菜单中选择"更改引用集"，选择"空"，不再显示腔体部件，如图 6 - 63 所示。

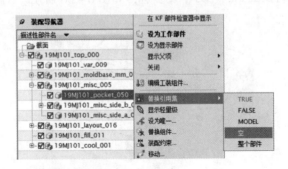

图 6 - 63　装配导航

8）单击"保存（【Ctrl】+【S】）"命令。

操作步骤 11：对型腔、型芯进行边倒圆，以适应 A 板、B 板的腔体形状，如图 6 - 64 所示。

1）通过"隐藏（【Ctrl】+【B】）"等命令，仅显示 A 板、型腔。

您认为型腔能安装到 A 板上吗？□ 是　□ 否

为什么？_____

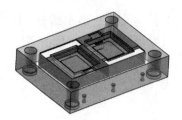

图 6 – 64 倒圆

2）双击型腔部件，使之成为工作部件，如图 6 – 65 所示。

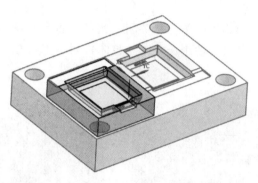

图 6 – 65 选择工作部件

3）单击"边倒圆"（菜单→插入→细节特征→边倒圆）命令，选择如图 6 – 66 所示的 2 条边缘，设置倒圆半径为 6，进行倒圆角。

提示：

仅选 2 条边缘进行倒圆角，千万不要多选，如图 6 – 66 所示。

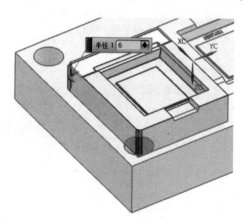

图 6 – 66 选择边

4）检查型腔与 A 板的装配情况。

您认为型腔能安装到 A 板上了吗？□ 是　□ 否

5）在"装配导航器"中，双击总装配" ＊ ＊ ＊ _ top_ ＊ ＊ ＊"，使之成为工作部件。

6) 单击"全部显示（【Ctrl】+【Shift】+【U】)"命令，显示所有部件。

7) 单击"正三轴测图（Home）"命令。

8) 参考步骤1）~7），对型芯的两个边缘倒圆角 $R=6$，如图6-67所示。

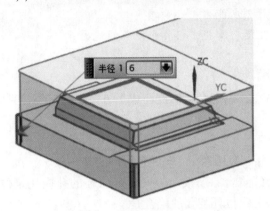

图6-67　确定圆角半径

操作步骤12：保存部件

1) 保证装配部件"***_top_***"为工作部件，并显示所有部件。

2) 单击"正三轴测图（Home）"命令。

3) 单击"保存（【Ctrl】+【S】)"命令。

学习反馈

1) 是否理解模胚中导柱导套的三个主要作用？　　□ 是　　□ 否

2) 是否理解大水口类型模具的特点？　　□ 是　　□ 否

3) 是否能够正确选择模胚的规格？　　□ 是　　□ 否

4) 是否能够正确设定模胚各板件的厚度？　　□ 是　　□ 否

5) 是否能够使用"腔体"命令对 A 板、B 板求腔？　　□ 是　　□ 否

子任务6.4　设计浇注系统

任务引入

设计定位环、浇口套、分流道、浇口，将塑料从注塑机注射到型腔中。

任务目标

知识目标

1) 浇注系统的组成；

2) 浇注系统的设计原则；

3) 流道形状的类型。

技能目标

1) 能够优化浇口套的长度；

2）能够理解平衡浇注的作用；

3）能够应用注塑模向导，完成浇注系统的设计。

素养目标

1）培养学生的设计创新能力；

2）培养学生结合生活、掌握平模具平衡节的能力。

任务描述

根据塑件的成型特点，制定合适的浇注成型方案，完成浇注系统的设计。

任务实施

引导问题1：定位环一般用两个 M6 的螺钉固定在顶板上，沉下顶板 5 mm。定位环的中心线一般与模具中心线重合。顶板上，安装定位环的孔应比定位环大 0.02 ~ 0.03 mm，如图 6 - 68 所示。您认为定位环与孔的配合是 _____ （参考选项：间隙配合、过盈配合）。

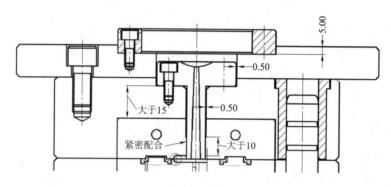

图 6 - 68　浇注系统设计尺寸

引导问题2：浇口套一般用两个螺丝锁定在顶板或者 A 板上，且进入到定模仁里面，与分流道相通。浇口套与板件间的间隙为单边 0.5 ~ 1 mm，与模仁间必须有不少于 10 mm 的紧配合，以防止溢料。浇口套与相关零件间的配合有间隙配合、过盈配合，为什么不统一为一种配合呢？您认为原因是：

_____

引导问题3：一模多腔设计时，尽量采用平衡布局形式，使各型腔尽量在相同温度下同时填充，保证注射压力中心与主流道中心重合，如图 6 - 69 所示。

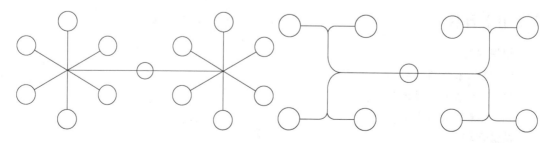

图 6 - 69　流道平衡

观察如图 6 – 70 所示不同布局方案。本套模具选择哪种方案？请标出。

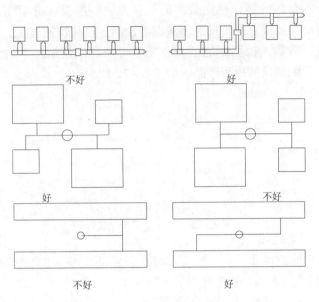

图 6 – 70　流道设计比较

引导问题 4：分流道设计时，上一级分流道截面面积一般为下一级分流道截面面积的 2 倍，需要根据实际分流道数量进行计算，如图 6 – 71 所示。各级分流道的尺寸关系见表 6 – 1。

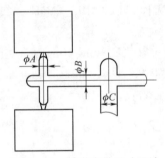

图 6 – 71　流道直径尺寸设计

表 6 – 1　各级分流道的尺寸关系　　　　　　　　　　　　　　　　mm

ϕA	2.5	3	4	5	6	7	8
ϕB	3.5	4	5	7	8.5	10	11
ϕC	5	6	8	10	12	—	—

引导问题 5：常用分流道截面形状为圆形，其直径一般为 3～9 mm。对于壁厚小于 3 mm、质量低于 200 g 的塑件，可以采用经验公式计算分流道的直径：

$$D = 0.265\ 4 \cdot \sqrt{m} \cdot \sqrt[4]{L}$$

式中　D——分流道直径，mm；

　　　m——塑件质量，g；

　　　L——流道的长度，mm。

引导问题6：侧浇口，又叫边缘浇口、矩形浇口，侧浇口设置在模具分型面上，通常从产品的一侧进胶，是各种浇口使用最多的一种。它一般设在分型面上，从型腔外侧进料。侧浇口形状简单，加工方便，尺寸容易准确控制，且易快速改变。其缺点是产品表面有明显的浇口瑕疵，需要人工切断浇道，在成型时易产生流痕，不适合薄板形的透明产品，同时也不适合于细而长的桶形产品，如图6-72所示。

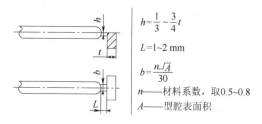

$$h = \frac{1}{3} \sim \frac{3}{4}t$$

$$L = 1 \sim 2 \text{ mm}$$

$$b = \frac{n\sqrt{A}}{30}$$

n——材料系数，取0.5~0.8

A——型腔表面积

图6-72　流道浇口尺寸设计

典型的侧边浇口厚度尺寸（h）是产品厚度（t）的33%~75%，宽度（b）为1.6~12.7 mm，浇口的长度（L）一般为1~2 mm。

工作技能—浇注系统设计

操作步骤1：设计定位环（自带螺钉）。

1）单击"标准件库"命令 。

2）在"文件夹视图"中选择"FUTABA_ MM"，在展开的列表中选择"Locating Ring Interchangeable"。

3）在"成员视图"中选择对象"Locating Ring"。

4）在"放置"中，"父"为"＊＊＊_ misc_ side_ a_ ＊＊＊"。

5）在"详细信息"中设置参数：

类型："TYPE = M_ LRC"；

直径："D = 100"；

厚度："T = 15"；

螺钉直径："SCREW_ DIA = 6"；

螺钉长度："SHCS_ LENGTH = 18"（保证螺纹拧入长度≥1.5倍的螺纹大径）。

6）单击"确定"按钮，将在模胚的顶板上添加定位环（此类型定位环自带2个螺钉），如图6-73所示。

图6-73　定位环设计

7）通过"腔体"命令📧，使用定位环对顶板进行求腔，如图6-74所示。

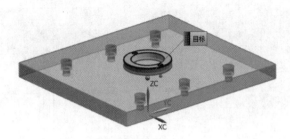

图6-74　定位环求腔

操作步骤2：设计浇口套（主流道衬套）。

1）单击"标准件库"命令📧。

2）在"文件夹视图"中选择"FUTABA＿MM"，在展开的列表中选择"Sprue Bushing"。

3）在"成员视图"中选择"Sprue Bushing"。

4）在"放置"中，"父"选择"＊＊＊＿misc＿side＿a＿＊＊＊"。

5）在"详细信息"中设置参数：

规格："CATALOG＝M-SBE"；

直径："CATALOG＿DIA＝13"；

开口直径："O＝3"；

球窝半径："R＝21"；

锥角："TAPE＝2"；

长度："CATALOG＿LENGTH＝70"；

防转销位置："DOWEL＿SIDE＿LEVEL＝-10"。

6）单击"确定"按钮。

7）使用"编辑工作截面（【Ctrl】+【H】）"等命令观察已添加的浇口套，如图6-75所示。

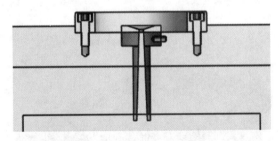

图6-75　定位环截面确认

8）单击"标准件库"命令📧。

9）在"部件"中"选择标准件"为浇口套，单击"重定位"按钮📧，将浇口套移动到图6-76所示位置。

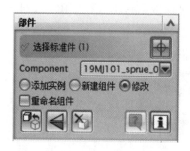
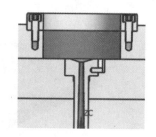

图 6 - 76　定位环位置设计

10）调整浇口套的长度 "L"，使其与主分型面接触，如图 6 - 77 所示。

11）调整浇口套的锥度 "A = 1.5"，使主流道最大直径（与分型面接触处）约为 7 mm（提示：主注塑最大直径略大于或等于分流道直径即可），如图 6 - 78 所示。

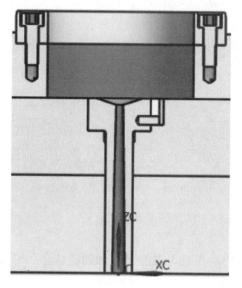
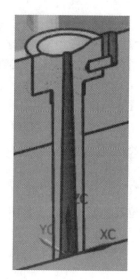

图 6 - 77　定位环长度设计　　　　　　　　图 6 - 78　定位环锥度设计

12）通过 "腔体" 命令，使用浇口套对顶板、A 板、型腔进行求腔，如图 6 - 79 所示。

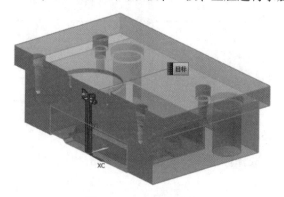

图 6 - 79　定位环求腔

13）右键单击顶板部件，在菜单中选择"设置为显示部件"选项，如图 6 - 80 所示。

14）单击"孔"（菜单→插入→设计特征→孔）命令，在顶板中心创建直径为 $\phi70$ mm 的通孔，如图 6 - 81 所示。

图 6 - 80　显示顶板　　　　　　　　　　图 6 - 81　设计定位环孔

提示：

直径 $\phi70$ mm 的大小来源于定位环内径。

15）在主菜单中单击"窗口"，单击列表中的总装配部件"＊＊＊_ top_ ＊＊＊"，使之成为显示部件。

16）在"装配导航器"中，双击总装配部件"＊＊＊_ top_ ＊＊＊"，使之成为工作部件。

17）使用"编辑工作截面（【Ctrl】+【H】）"等命令来观察设计结果。

18）单击"保存（【Ctrl】+【S】）"命令。

操作步骤3：设计浇口。

1）应用"隐藏（【Ctrl】+【B】）""反转显示和隐藏（【Ctrl】+【Shift】+【B】）"等命令，仅显示浇口套、产品与型芯，如图 6 - 82 所示。

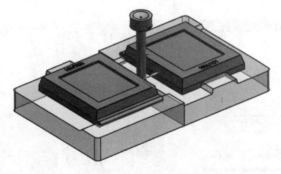

图 6 - 82　显示主要部件

2）在"装配导航器"中，双击浇口部件"＊＊＊_ fill_ ＊＊＊"，使之成为工作部件，如图 6 - 83 所示。

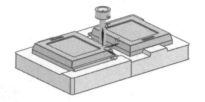

图 6 - 83　设定工作部件

3）单击"浇口"命令 。

4）在"浇口设计"对话框中，设置："平衡"为"是"，"位置"为"型腔"，"类型"为"rectangle"（矩形），参数分别为"L = 4.5""H = 0.8""B = 2.5"。

5）单击"应用"按钮。

6）弹出"点"对话框后，单击"测量距离"（菜单→分析→测量距离）命令，测量 +YC 方向上浇口套中心与产品底面边缘间的距离，记下数值，单击"取消"按钮，如图 6 - 84 所示。

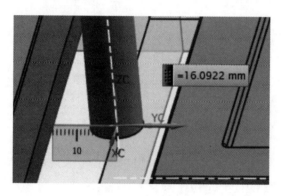

图 6 - 84　测量距离

7）在"点"对话框中，进入"输出坐标"项，设置："XC"为"35"，"YC"为"- 16.092 2"，"ZC"为"0"，单击"确定"按钮，如图 6 - 85 所示。

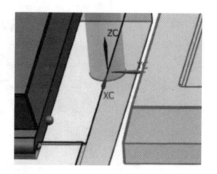

图 6 - 85　设定参数

8）在弹出的"矢量"对话框中，在"类型"中选择"- YC 轴"，单击"确定"按钮，如图 6 - 86 所示。

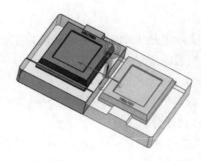

图 6 - 86　设定方向

此处用矢量方向表示塑料在浇口的流动方向。

9）在重新弹出的"浇口设计"对话框中，单击"取消"按钮。

10）通过"编辑工作截面（【Ctrl】+【H】）"命令，观察浇口与产品的位置关系，可以看到此处是用实体来表示浇口。要获得真正的浇口，需要用实体来对型腔进行求腔，如图 6 - 87 所示。

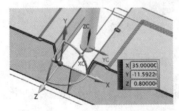

图 6 - 87　确认浇口 1

放大视图，观察浇口与产品，如图 6 - 88 所示。

您认为浇口是否应该与产品相交？□ 是　 □ 否。

11）单击"浇口"命令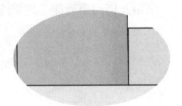

图 6 - 88　确认浇口 2

12）选择浇口，设置参数"OFFSET = 0.5"，单击"应用"按钮，单击"取消"按钮，如图 6 - 89 所示。

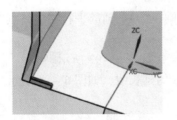
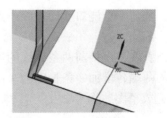

图 6 - 89　修改浇口参数

提示：

此处的产品实际上是表示成型空间，浇口实体必须"伸入"产品，才能保证在对型腔求腔时获得真正贯通的浇口。

13）取消截面、截面线的显示。

14）单击"保存（【Ctrl】+【S】）"命令。

操作步骤4： 设计分流道。

1）保证浇口部件"＊＊＊_ fill_ ＊＊＊"是工作部件。

2）单击"草图"命令，以 *XC* - *YC* 平面为草图平面，单击"确定"按钮，如图 6 - 90 所示。

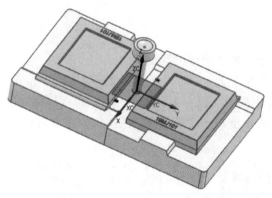

图 6 - 90 选择绘图面

3）从一个浇口底面边缘中点画一条 *YC* 轴的平行线，终点在 *XC* 轴上。

提示：

只用几何约束就能实现直线的完全约束，不需要标注尺寸，如图 6 - 91 所示。

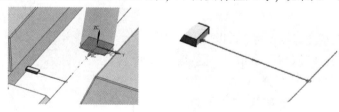

图 6 - 91 画线 1

4）同样的，从另一个浇口底面边缘中点画一条 *YC* 轴的平行线，终点在 *XC* 轴上，如图 6 - 92 所示。

5）绘制一条直线，连接前两条直线的终点，如图 6 - 93 所示。

6）在直线的两端各增加一条长度为 7 mm 的延长线，如图 6 - 94 所示。

7）单击"完成草图"命令。

8）单击"流道"命令。

9）在"引导线"中选择刚创建的直线及延长线，如图 6 - 95 所示。

图 6 – 92　画线 2

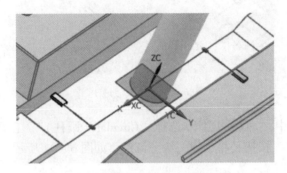

图 6 – 93　线条效果

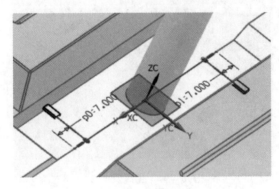

图 6 – 94　增加延长线

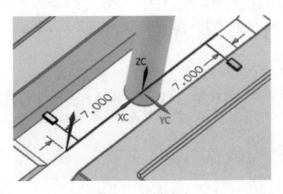

图 6 – 95　选择线条

10）在"截面"中，"截面类型"选择"Circular（圆柱）"，在"参数"列表中设置 "D = 7"，单击"应用"按钮，将创建一级分流道。

11）在"引导线"中选择从浇口引出的两条直线，如图 6 - 96 所示。

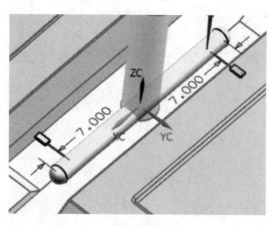

图 6 - 96   生成流道 1

12）在"截面"中，"截面类型"选择"Circular（圆柱）"，在"参数"列表中设置 "D = 5"，单击"确定"按钮，将创建二级分流道，如图 6 - 97 所示。

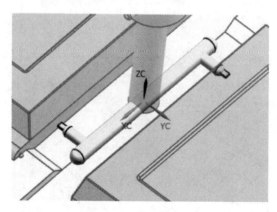

图 6 - 97   生成流道 2

操作步骤 5：使用分流道与浇口对浇口套、型腔、型芯进行求腔。

1）通过"腔体"命令，使用一级分流道对浇口套进行求腔。

提示：

"刀具"的"工具类型"选择为"实体"，如图 6 - 98 所示。

2）通过"腔体"命令，使用一级分流道、二级分流道、浇口对型腔、型芯进行求 腔，如图 6 - 99 所示。

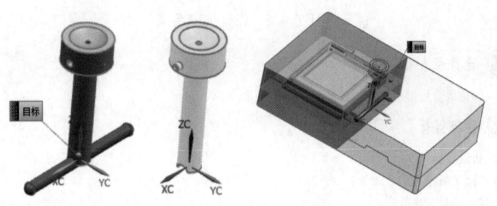

图 6 – 98　分流道求腔　　　　　　图 6 – 99　选择求腔体

3）在"装配导航器"中，双击总装配部件"＊＊＊_ top_ ＊＊＊"，使之成为工作部件。

4）隐藏浇口部件"＊＊＊_ fill_ ＊＊＊"及"＊＊＊_ prod_ ＊＊＊"，观察浇注系统，如图 6 – 100 所示。

 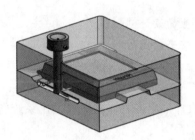

图 6 – 100　确认求腔效果

5）单击视图工具栏中的"剪切工作截面"开关命令，关闭截面显示。

6）在"装配导航器"中取消截面线的显示。

7）单击"全部显示（【Ctrl】＋【Shift】＋【U】）"命令，显示所有部件。

8）单击"正三轴测图（Home）"命令。

9）单击"保存（【Ctrl】＋【S】）"命令。

学习反馈

1）是否能够理解定位环的作用与安装特点?　　　　□ 是　　□ 否

2）是否能够理解浇口套的作用与安装特点?　　　　□ 是　　□ 否

3）是否能够理解平衡布局形式的特点?　　　　　　□ 是　　□ 否

4）是否能够正确设定多级分流道的直径?　　　　　□ 是　　□ 否

5）是否能够正确设计侧浇口的尺寸?　　　　　　　□ 是　　□ 否

子任务 6.5　设计推出系统

任务引入

设计适合的推出系统，将塑件从型芯上推出。

任务目标

知识目标

1）了解推出配合关系；

2）熟悉顶出类型；

3）掌握顶出的设计原则。

技能目标

1）能够正确选择塑件的推出方法；

2）能够制定合理的推出方案；

3）能够应用注塑模向导完成推出系统的结构设计。

素养目标

1）培养学生的设计创新能力；

2）养学生安全顶出的意识。

任务描述

制定塑件设计推出方案，并完成推出系统的结构设计。

任务实施

引导问题 1：推杆的安放位置参考如图 6 – 101 所示。

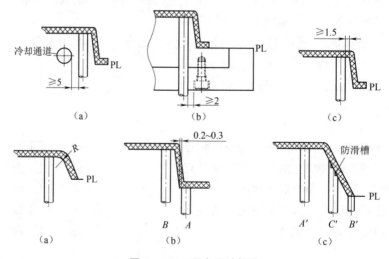

图 6 – 101　顶出设计标准

顶针在斜面上时，顶针端面需要做防滑或晒纹处理，同时顶针底部要设计防转（穿销或做小平位），如图 6 – 102 所示。

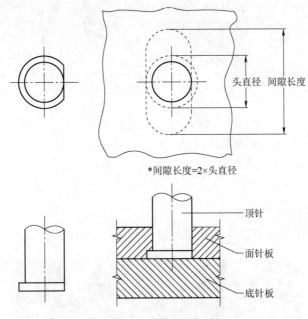

*间隙长度=2×头直径

图 6 – 102　顶针防转设计图示

引导问题 2：推杆设计时的注意事项，如图 6 – 103 所示。

1）推杆上端面应高出模仁表面 0.03 ~ 0.05 mm，特别注明除外。

2）与模仁的有效配合长度 H 应取推杆直径的 3 倍左右，或者与 L 等长。H 一般不能少于 8 mm。

3）推杆与内模镶件的配合公差为 H7/f7。

在图 6 – 103 中标出序号 1 ~ 5 所代表板件的名称。当推杆直径 $D = 5$ mm 时，各板件对应的孔直径应为＿＿＿＿，配合长度 H 应为＿＿＿＿。

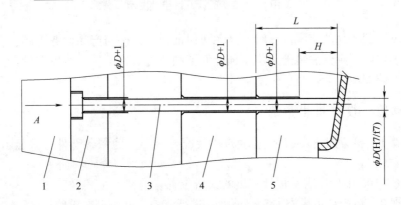

图 6 – 103　顶出避空设计标准

引导问题 3：推出塑件时一般要离开型芯 5 ~ 10 mm。对于大型深腔桶类产品，推出行程为产品高度的 2/3 左右。当塑件上有骨位（加强筋）、柱位（螺丝座）时，一定要使其完全脱出模具，如图 6 – 104 所示。

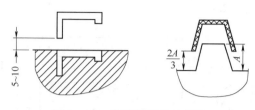

图 6 – 104　顶出距离设计标准

引导问题 4：设计时尽量选用大的顶针，大模不用小顶针。同一套模具中，顶针的规格应尽量少。直径优先选用标准尺寸规格：3 mm、4 mm、6 mm、8 mm、10 mm、12 mm。

提问：

为什么优先选用标准尺寸规格？

引导问题 5：顶出位置在非外观面都可以吗？如图 6 – 105 所示。

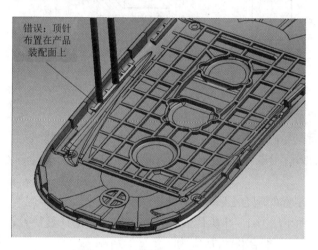

图 6 – 105　顶针设计错误图示

当顶针设计到产品的装配位置时，是无法保证顶针完全与产品面齐平的，存在或高或低的情况，顶针高了则无法装配到位，顶针低了则装配效果不佳，所以在设计顶出机构时要考虑产品的装配性。

工作技能—设计推出系统

操作步骤 1：参考如图 6 – 106 所示的"装配导航器"隐藏各部件，只显示 – YC 侧的型芯。

请在图 6 – 106 中标出需要顶针推出的大概位置。

操作步骤 2：在产品边缘添加 8 根顶针，进行修剪，并对型芯求腔。

1）单击"标准件库"命令 ，弹出"标准件管理"对话框。

2）在"文件夹视图"中单击"DME_ MM"，在展开的列表中选择"Ejection"。

3）在"成员视图"中选择"Ejector Pin［Straight］（顶针［直］)"。

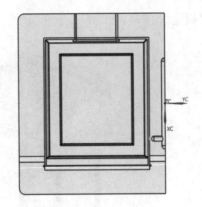

图 6 – 106　装配导航

4）在"详细信息"中设置参数：

顶针直径："CATALOG_ DIA = 5"；

顶针长度："CATALOG_ LENGTH = 160"；

挂台形状："TYPE = 1"；

配合长度："FIT_ DISTANCE = 20"。

5）单击"确定"按钮。

6）在图 6 – 107 所示位置添加 8 根顶针。

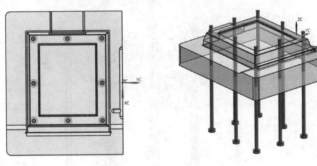

图 6 – 107　顶出位置设计

7）单击"顶杆后处理"命令 。

8）"类型"选择"修剪"，在"目标"的列表中选择顶针，如图 6 – 108 所示。

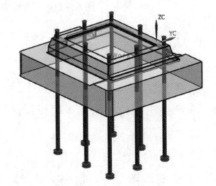

图 6 – 108　修剪顶针

9）单击"确定"按钮，如图 6 – 109 所示。

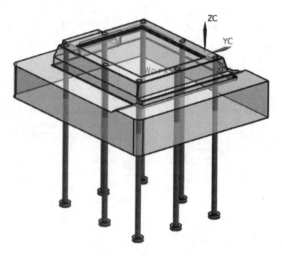

图 6 – 109　修剪效果

10）通过"腔体"命令，使用 8 根顶针对一个型芯进行求腔，如图 6 – 110 所示。

图 6 – 110　顶针求腔 1

提示：

"工具类型"选择为"组件"。

操作步骤 3：在产品中间位置添加 4 根顶针进行修剪，并对型芯求腔。

提示：

使用步骤 2 的方法与顶针参数。切记，只对一个型芯求腔，如图 6 – 111 所示。

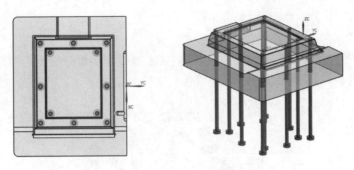

图 6 – 111　顶针求腔 2

操作步骤 4：在产品 + XC 方向的侧边添加 2 根顶针进行修剪，并对型芯求腔。

提示：

使用步骤 2 的方法及顶针参数。切记，只对一个型芯求腔，如图 6 – 112 所示。

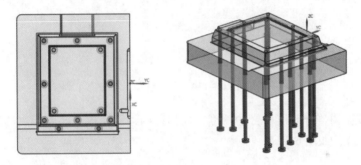

图 6 – 112　顶针求腔 3

操作步骤 5：使用已添加的顶针对 B 板、顶针面板、顶针底板进行求腔。注意，每个腔有 14 根顶针，两个腔共有 28 根顶针参与求腔，如图 6 – 113 所示。

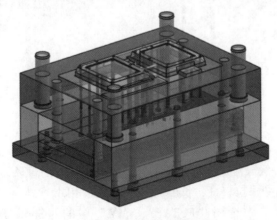

图 6 – 113　顶针对模板求腔

操作步骤 6：设计分流道顶针。

使用步骤 2 的方法（但不求腔），使用 φ7 mm 顶针在一级分流道与二级分流道交点处顶出凝料，如图 6 – 114 所示。

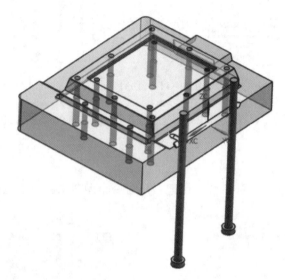

图 6 – 114　分流道顶针

操作步骤 7：调整分流道顶针的长度，使顶针的顶面离流道底面距离约 7 mm（即一个顶针直径的距离），如图 6 – 115 所示。

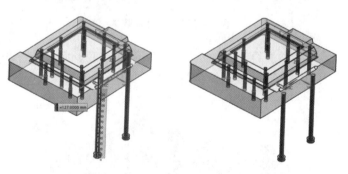

图 6 – 115　测量分流道顶针

测量顶针底部到一级分流道底部的距离，减去一个顶针的直径，取整数即可。

操作步骤 8：添加一根拉料杆，长度与分流道顶针相同。

1）在"标准件库"中选用"FUTABA_ MM"中的"Sprue Puller"，如图 6 – 116 所示。

2）在"放置"中，设置"父"为"＊＊＊_ misc_ side_ b_ ＊＊＊"，选择顶针面板的底面作为放置面，如图 6 – 117 所示。

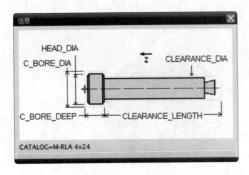

图 6 – 116　拉料杆设计

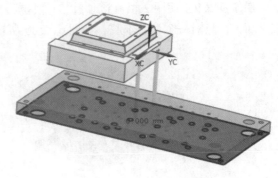

图 6 – 117　拉料杆位置

3）设置参数，如图 6 – 118 所示。

名称	值
▼ CATALOG_DIA	7
▼ CATALOG_LENGTH	117
HEAD_DIA	10
HEAD_HEIGHT	7
PULLER_OD	4.3
PULLER_ID	3.5
PULLER_HEIGHT	3.5
CLEARANCE_DIA	7
C_BORE_DIA	10.5
C_BORE_DEEP	7
CLEARANCE_LENG...	CATALOG_LENGTH+PULLER_HEIGHT

图 6 – 118　拉料杆参数

4）在坐标 $XC = 0$、$YC = 0$ 处添加 1 根拉料杆，如图 6 – 119 所示。

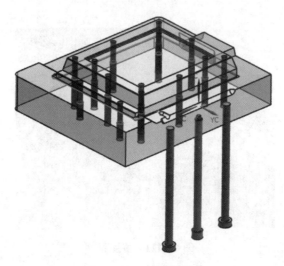

图 6 – 119　拉料杆尺寸

操作步骤9：使用 2 根流道顶针、1 根拉料杆，对 1 个型芯及 B 板、顶针面板进行求腔。切记，只对一个型芯求腔，如图 6 – 120 所示。

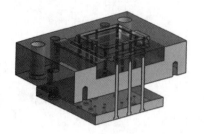

图 6 – 120　拉料杆求腔

操作步骤10：使型芯中的分流道顶针孔、拉料杆孔变为通孔结构。

1）双击型芯部件，使之成为工作部件，如图 6 – 121 所示。

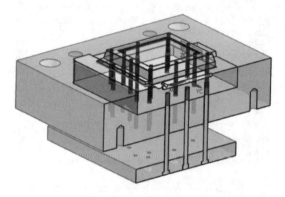

图 6 – 121　设工作部件

2）使用"替换面"命令，将 3 个孔的底面替换为型芯上的主分面，即可得到通孔，如图 6 – 122 所示。

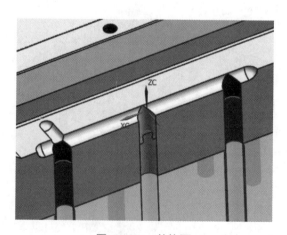

图 6 – 122　替换面

3）在"装配导航器"中，双击总装配部件"＊＊＊＿top＿＊＊＊"，使之成为工作部件。

4）取消截面显示，单击"正三轴测图（Home）"命令，单击"保存（【Ctrl】+【S】）"命令。

操作步骤 11：设计限位块，保证产品的推出距离。

提示：

推出系统应将产品完全推离型芯，并与型芯间的距离为 10～15 mm。

1）测量产品高度，如图 6 – 123 所示。产品高度为_____。（取整数即可）

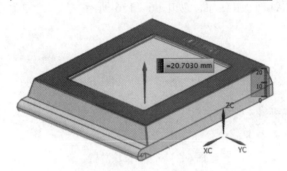

图 6 – 123　测量产品高度

2）测量顶针面板到 B 板之间的距离，如图 6 – 124 所示。测得的距离为_____。

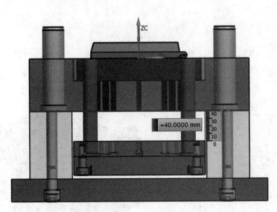

图 6 – 124　测量模具高度

3）计算限位块的高度。计算结果为_____。

提示：

限位块高度 = 顶针面板到 B 板之间的距离 – 产品高度 – 10（或者 15）。

4）在"标准件库"中选择"FUTABA_ MM"下的"Lock Unit"。

5）在"成员视图"中选择"Shoulder Interlock［M – DSB，M – DSE］"，如图 6 – 125 所示。

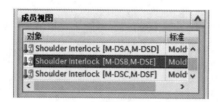 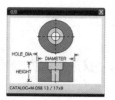

图 6 – 125　限位块设计

6) 在"放置"中，设置"父"为"＊＊＊_ misc_ side_ b＊＊＊"，在"位置"中"选择面或平面"为顶针面板的顶面，如图 6 – 126 所示。

 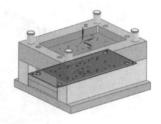

图 6 – 126　限位块放置

7) 在"详细信息"中设置参数：

规格："TYPE = M – DSB"；

直径："DIAMETER = 30"；

高度："HEIGHT = 10"。

8) 单击"确定"按钮。

9) 在 YC 方向上的两组复位杆之间添加 2 个限位块，如图 6 – 127 所示。

 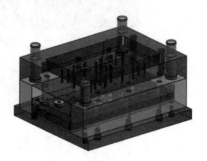

图 6 – 127　限位块位置设计

10) 使用限位块对顶针面板进行求腔。注意："刀具"中的"工具类型"为"实体"。

11) 单击"全部显示（【Ctrl】＋【Shift】＋【U】）"命令显示所有部件。

12) 单击"正三轴测图（Home）"命令。

13) 单击"保存"命令。

操作步骤 12：设计复位弹簧，如图 6 – 128 所示。

1) 测量限位块与 B 板间的距离：＿＿＿＿＿＿＿。

2) 计算复位弹簧的长度（限位块与 B 板间的距离 ×3 =＿＿＿＿＿＿）。

3）测量复位杆的直径为_____，从而确定复位弹簧的最小内径。

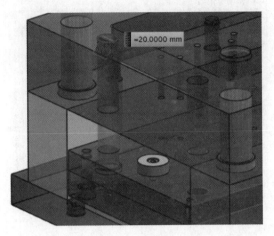

图 6 - 128　测量复位杆尺寸

4）在"标准件库"中选择"FUTABA_ MM"下的"Springs"，在"成员视图"中选择"Spring［M - FSB］"，如图 6 - 129 所示。

图 6 - 129　弹簧设计

5）在"放置"中，"父"为"＊＊＊_ misc_ side_ b_ ＊＊＊"，"位置"为"PLANE（平面）"，"选择面或平面（1）"中选择顶针面板的顶面，如图 6 - 130 所示。

 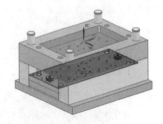

图 6 - 130　弹簧放置设计

6）在"详细信息"中进行参数设置，如图 6 - 131 所示。

7）单击"确定"按钮。

8）在 4 根复位杆处各添加 1 个弹簧，并对 B 板进行求腔，如图 6 - 132 所示。

9）单击"全部显示（【Ctrl】+【Shift】+【U】）"命令显示所有部件。

10）单击"正三轴测图（Home）"命令，单击"保存"命令。

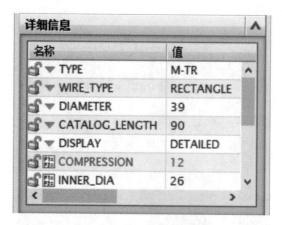

图6-131 弹簧参数设计

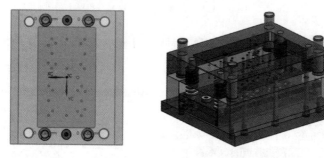

图6-132 弹簧位置设计

操作步骤13：设计 KO 孔。

1）鼠标左键双击底板部件，使之成为工作部件，如图 6-133 所示。

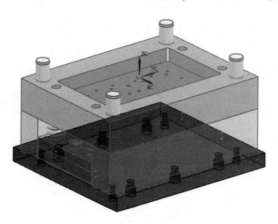

图6-133 设工作部件

2）在"部件导航器"中的"草图（3）'SKETCH_ 000'"上单击右键，选择"显示"，将草图显示出来，如图 6-134 所示。

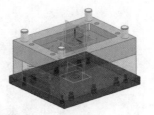

图 6 – 134　草图

3）在"部件导航器"中双击"拉伸面（5）"，弹出"编辑参数"菜单，如图 6 – 135 所示。

图 6 – 135　编辑参数

4）在"编辑参数"菜单中选择"编辑定义线串"。

5）在弹出的"编辑线串"对话框中选择草图中央的圆，单击"确定"按钮，如图 6 – 136 所示。

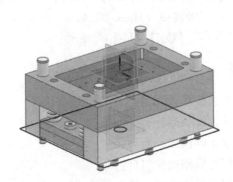

图 6 – 136　选择线串

6）在重新弹出的"编辑参数"菜单中单击"确定"按钮，如图 6 – 137 所示。

7）在"部件导航器"中右键单击"草图（3）"，在弹出的菜单中选择"隐藏"选项，如图 6 – 138 所示。

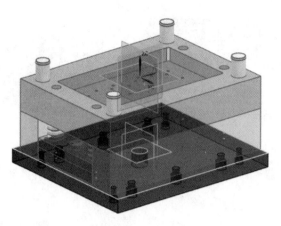

图 6-137 显示效果

图 6-138 隐藏草图

8）切换到"装配导航器"，双击总装配"＊＊＊_ top_＊＊＊"，使之成为工作部件。

9）使用"编辑工作截面（【Ctrl】+【H】）"等命令，观察 KO 孔。

10）单击"正三轴测图（Home）"命令。

11）单击"保存（【Ctrl】+【S】）"命令。

学习反馈

1）是否能够为推杆（顶针）选择合适的位置？　□ 是　□ 否

2）是否能够设计与推杆有关的结构与尺寸？　□ 是　□ 否

3）是否能够正确添加分流道顶针？　□ 是　□ 否

4）是否能够正确添加拉料杆？　□ 是　□ 否

5）是否能够正确设计限位块？　□ 是　□ 否

6）是否能够正确设计复位弹簧？　□ 是　□ 否

7）是否能够完成 KO 孔的设计？　□ 是　□ 否

8）是否能够正确完成各零件的求腔？　□ 是　□ 否

子任务 6.6　设计冷却系统

任务引入

布置合适的冷却水路，使塑件快速冷却到可以推出的温度。

任务目标

知识目标

1）了解冷却过程原理；

2）掌握运水孔径大小的设计标准；

3）了解密封圈的作用。

技能目标

1）能够掌握冷却系统设计的基本原则；

2）能够参考经验数据来确定冷却方案；

3）能够应用注塑模向导，完成直通式水路设计。

素养目标

1）培养学生的设计创新能力；

2）培养学生节约用水、安全用水的意识。

任务描述

掌握冷却系统设计的基本原则，完成阶梯式水路的设计。

任务实施

引导问题 1：观察图 6 – 139 中的阶梯式冷却水路，并描出水流过的路径。

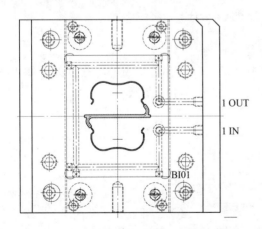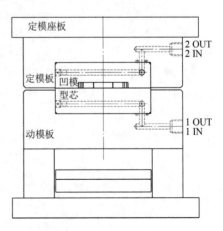

图 6 – 139　冷却设计参考图

引导问题 2：冷却系统中水孔直径的选择。

冷却水管直径大小应合理选用，冷却水孔的直径越大越好，但冷却水孔的直径太大会导致冷却水的流动出现层流。因此，应尽量使流速达到紊流状态。

冷却水管直径一般为 6 mm、8 mm、10 mm、12 mm、16 mm，可根据模具大小来确定管径大小，如表 6 - 1 所示。此外，也可以根据产品壁厚确定冷却管道直径大小，如 6 - 2 表所示。

表 6 - 1　模具大小确定冷却水管直径　　　　　　　　　　　　　　　　　mm

模宽	冷却管道直径	模宽	冷却管道直径
200 以下	5	400 ~ 500	8 ~ 10
200 ~ 300	6	大于 500	10 ~ 12
300 ~ 400	6 ~ 8	700 ~ 1 000	16

以上冷却水管直径为参考设计值，具体模具的设计根据产品实际情况进行调整。某些企业对冷却管径进行了标准化，为了便于快速上下模及生产标准化，需要按企业内部标准进行设计，如表 6 - 2 及图 6 - 140 所示。

表 6 - 2　产品壁厚确定冷却管道直径　　　　　　　　　　　　　　　　　mm

平均壁厚 W	冷却管道直径 d	平均壁厚 W	冷却管道直径 d
1.5	5 ~ 8	4	10 ~ 12
2	6 ~ 10	6	10 ~ 16

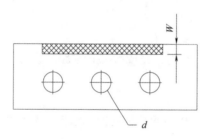

图 6 - 140　冷却距离设计 1

测量本产品的壁厚是＿＿＿＿＿，水孔直径选择为＿＿＿＿＿。

引导问题 3：布置冷却水时要注意使型腔的每一部分都有均衡的冷却，即冷却水孔至型腔表面的距离尽可能相等。其一般要求如下，如图 6 - 141 所示。

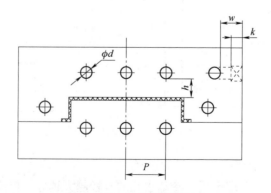

图 6 - 141　冷却距离设计 2

1）水孔表面至型腔表面的距离 h 一般为 10 mm。

2）水路间距 $p = 3d \sim 5d$（d 为水孔直径）。

3）水路与模仁边的间距 $w = 12$ mm。

4）两管接头间距 $P \geqslant 35$ mm，管接头与模具面板的距离 $S \geqslant 15$ mm，以方便安装。

5）每一组冷却水路的进、出口必须有明确的标识，如 IN、OUT，如图 6-142 所示。

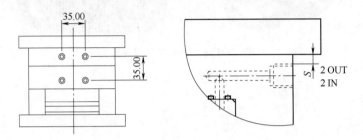

图 6-142　冷却距离设计 3

引导问题 4： 用于冷却水路末端封堵冷却水的零件称为堵头。堵头有以下两种放置位置：

1）用于水孔末端，起密封作用。

2）水孔中间部位，将水孔分为两段，如图 6-143 所示。

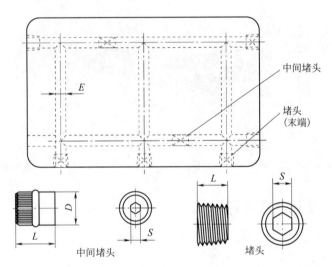

图 6-143　冷却堵头设计

引导问题 5： 当水路贯穿模板或者模仁时，贯穿处必须用 O 形密封圈进行密封，防止水进入型腔。O 形密封圈是一种软质的橡胶产品，有弹性，已标准化，如图 6-144 所示。

O 形密封圈是圆形橡胶密封圈，具有圆形截面，主要用于机械零件，防止静态条件下液体和气体介质的泄漏。

O 形密封圈的特点如下：

1）尺寸小，装拆方便。

2）动、静密封均可用。

图 6 - 144　冷却密封圈设计

3）静密封几乎没有泄漏。

4）单件使用、双向密封。

5）动摩擦力小。

6）价格低。

引导问题 6：请仔细观察本套模具型腔的冷却方案，自行确定型芯的冷却方案，并应用注塑模向导完成冷却系统的设计，如图 6 - 145 所示。

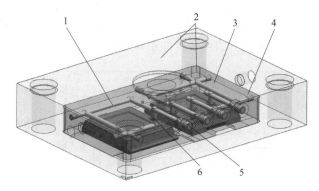

图 6 - 145　冷却方案设计

1—冷却水路；2—定模板；3—凹模；4—水管堵头；5—水管接头；6—O 形密封圈

工作技能—设计冷却水路

操作步骤 1：在 + Y 侧的型腔上设计进水口与出水口。

1）单击"模具冷却工具"命令 。

2）在"模具冷却工具"栏中单击"冷却标准件库"命令 ，如图 6 - 146 所示。

图 6 - 146　模具冷却工具

3）在"文件夹视图"中选择"COOLING"，如图 6 - 147 所示。

4）在"成员视图"中选择"COOLING HOLE"，如图 6 - 148 所示。

图 6 - 147　冷却组件

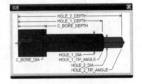

图 6 - 148　模具冷却设计

5）在"放置"的"选择面或平面"中，"父"设置为" * * * _ cool_ side_ a_ * * * "，"选择面或平面"为 A 板在 +X 轴方向上的侧面，如图 6 - 149 所示。

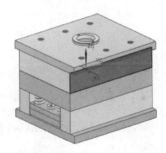

图 6 - 149　模具冷却放置面设计

6）在"详细信息"中设置参数。

螺纹规格："PIPE_ THERAD = 1/8"。

沉头孔直径："C_ BORE_ DIA = < UM_ VAR > :: COOLING_ PIPE_ C_ BORE_ DIA_ 1_ 8 +12"。

沉头孔深度："C_ BORE_ DEPTH = 23"。

水路孔 1 深度："HOLE_ 1_ DEPTH = 30"。

水路孔 2 深度："HOLE_ 1_ DEPTH = 80"。

7）单击"应用"按钮。

8）在"标准件位置"的"偏置"中，设置"X 偏置"为"30""Y 偏置"为"65"，如图 6 - 150 所示。

9）单击"确定"按钮。

10）在"成员视图"中选择"CONNECTOR PLUG"。

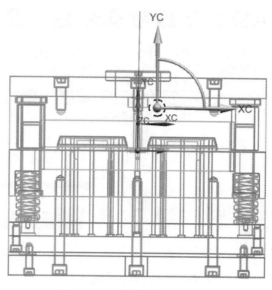

图 6 - 150　模具冷却位置设计

注意

　　此时水路是高亮状态。如果不是，则先在"部件"的"选择标准件"项中选择水路，使其高亮，如图 6 - 151 所示。

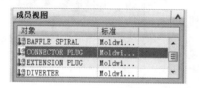
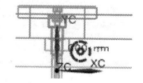

图 6 - 151　成员视图

　　11）在"详细信息"中自动选择螺纹规格为"PIPE_ THERAD = 1/8"，如图 6 - 152 所示。

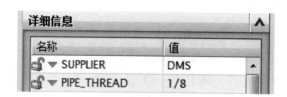

图 6 - 152　模具冷却规格设计

　　12）单击"应用"按钮，如图 6 - 153 所示。

　　13）在"部件"中单击"重定位"按钮 ，如图 6 - 154 所示。

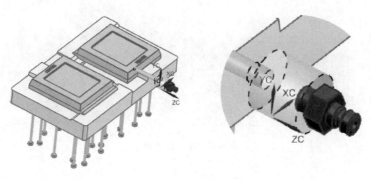

图 6 – 153　接头效果显示

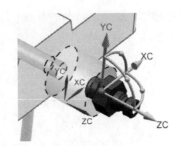

图 6 – 154　接头重定位

注意

此时管接头是高亮状态。如果不是，则设置"选择标准件"为管接头，使其高亮。

14）选择沉孔底部的圆心（虚线处），管接头将自动移动过去，如图 6 – 155 所示。

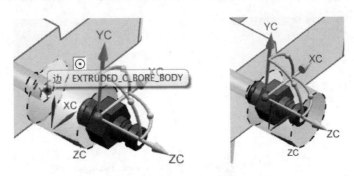

图 6 – 155　接头定位选择

15）单击"确定"按钮。

16）单击水路，使水路与管接头同时高亮，确认"部件"中"选择标准件（1）"选择了一个部件"＊＊＊_ cool_ hole_ ＊＊＊"，如图 6 – 156 所示。

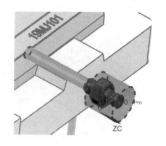

图 6 - 156　高亮显示

注意

可以多试几次，确保水路与管接头同时高亮。

17）在"部件"中选择"添加实例"，单击"应用"按钮，如图 6 - 157 所示。

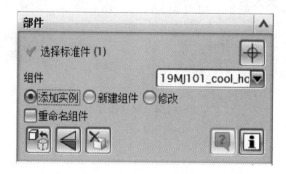

图 6 - 157　部件

18）在"标准件位置"的"偏置"中，设置"X 偏置"为"70"　"Y 偏置"为"65"，单击"确定"按钮，如图 6 - 158 所示。

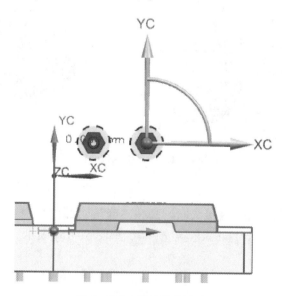

图 6 - 158　接头定位尺寸

19）在"冷却组件设计"对话框框中单击"取消"。

20）单击"正三轴测图（Home）"命令，观察进水口与出水口，如图6－159所示。

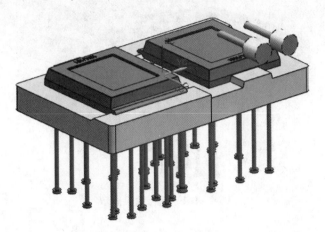

图6－159　接头效果确认

21）双击进水水路，使其成为工作部件。

22）单击"对象显示（【Ctrl】+【J】）"命令，将进水水路的透明度设置为"50"，如图6－160所示。

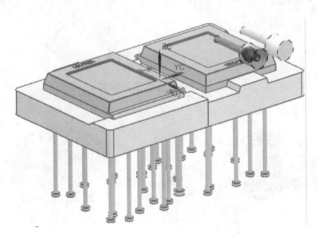

图6－160　修改透明度

23）在"装配导航器"中，双击总装配"＊＊＊＿top＿＊＊＊"，使其成为工作部件，如图6－161所示。

24）单击"保存"命令。

操作步骤3：调整添加A板侧的垂直水路及O形密封圈。

1）仅显示A板、进水口与出水口，如图6－162所示。

2）使用"编辑工作截面（【Ctrl】+【H】）"命令在进水口的轴线上显示截面，如图6－163所示。

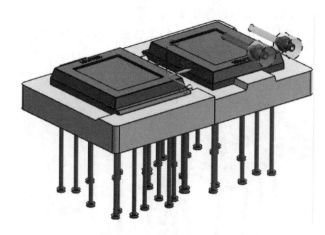

图 6 – 161　图档效果显示

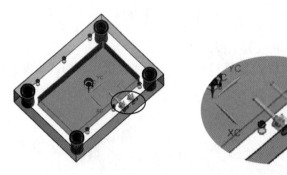

图 6 – 162　显示指定部件

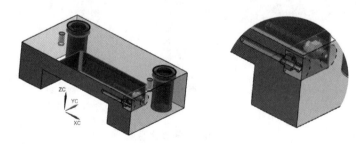

图 6 – 163　编辑截面

3）在"模具冷却工具"栏中单击"冷却标准件库"命令。

4）在"成员视图"中选择"COOLING HOLE"。

5）在"放置"中，"父"为"＊＊＊_ cool_ side_ a_ ＊＊＊"，"选择面"为 A 板的腔底，如图 6 – 164 所示。

6）在"详细信息"中设置参数。

螺纹规格："PIPE_ THERAD ＝1/8"。

水路孔 1 深度："HOLE_ 1_ DEPTH ＝0"。

水路孔 2 深度："HOLE_ 1_ DEPTH ＝25"。

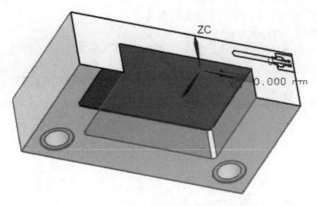

图 6 - 164　指定放置面

7）单击"应用"按钮。

8）在"标准件位置""偏置"中，设置"X 偏置"为"75""Y 偏置"为"30"，单击"确定"按钮，如图 6 - 165 所示。

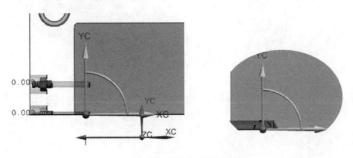

图 6 - 165　指定放置位置

9）在"成员视图"中选择"O - RING（O 形密封圈）"，如图 6 - 166 所示。

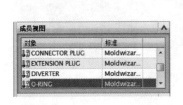

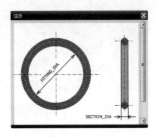

图 6 - 166　密封圈设计

10）在"详细信息"中设置参数。

截面直径："SECTION_ DIA = 2. 5"。

配合直径："FITTING_ DIA = 12"。

11）单击"应用"按钮，如图 6 - 167 所示。

12）单击"剪切工作截面"命令，取消截面显示方式，观察 O 形密封圈的结构，如图 6 - 168 所示。

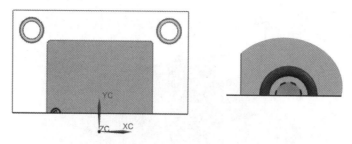

图 6 – 167　密封圈参数设计

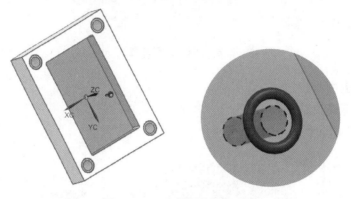

图 6 – 168　密封圈结构确认

13）在"部件"中，设置"选择标准件"为整个垂直水路，选择"添加实例"。

注意

"组件"中为"＊＊＊_ cool_ hole_ ＊＊＊"，即垂直水路与 O 形密封圈同时高亮，如图 6 – 169 所示。

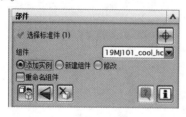

图 6 – 169　密封圈高亮显示

14）单击"应用"按钮，如图 6 – 170 所示。

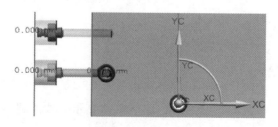

图 6 – 170　密封圈位置显示

15）在"标准件位置"对话框的"偏置"中，设置"X 偏置"为"75""Y 偏置"为"70"，单击"确定"按钮，如图 6 – 171 所示。

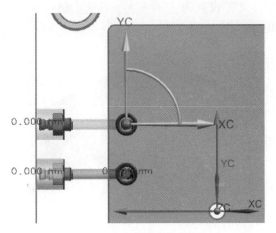

图 6 – 171　密封圈位置调整

16）在"冷却组件设计"对话框中单击"取消"。

17）观察 A 板侧的垂直水路，如图 6 – 172 所示。

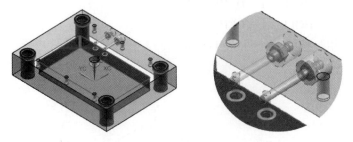

图 6 – 172　密封圈确认效果

18）单击"保存（【Ctrl】+【S】）"命令。

操作步骤 4：在型腔侧添加垂直水路。

1）仅显示 + Y 方向的一个型腔及已设计的水路，如图 6 – 173 所示。

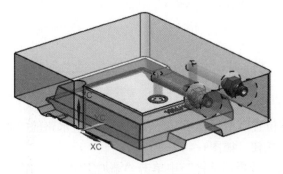

图 6 – 173　型腔显示

2）在"模具冷却工具"栏中单击"冷却标准件库"命令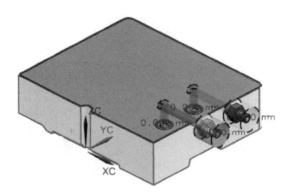

3）在"成员视图"中选择"COOLING HOLE"。

4）在"放置"中，"父"设置为"＊＊＊_ cool_ side_ a_ ＊＊＊"，"选择面或平面"为型腔的顶面，如图 6 – 174 所示。

图 6 – 174　放置面设定

5）在"详细信息"中设置参数。

螺纹规格："PIPE_ THERAD =1/8"。

水路孔 1 深度："HOLE_ 1_ DEPTH =0"。

水路孔 2 深度："HOLE_ 1_ DEPTH =15"。

6）单击"应用"按钮，如图 6 – 175 所示。

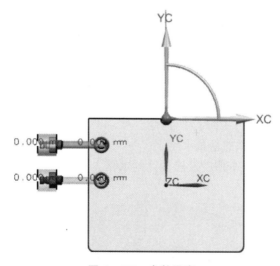

图 6 – 175　参数设定

7）弹出"标准件位置"对话框后，选择 A 板侧垂直水路的中心，如图 6 – 176 所示。

8）单击"确定"按钮，如图 6 – 177 所示。

9）在"部件"的"选择标准件"中单击"添加实例"，如图 6 – 178 所示。

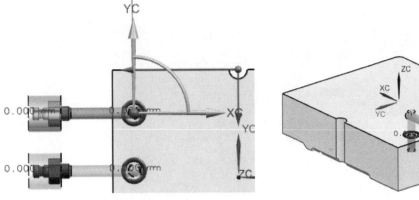

图6-176 位置选择

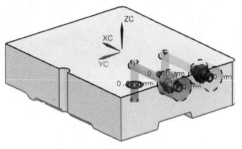

图6-177 完成效果

图6-178 部件选择

10）单击"确定"按钮，如图6-179所示。

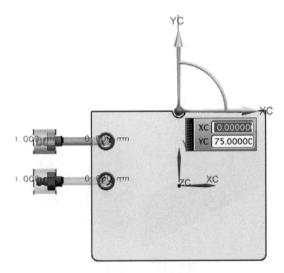

图6-179 完成效果

11）弹出"标准件位置"对话框后，选择 A 侧的另一个垂直水路的中心，如图 6 - 180 所示。

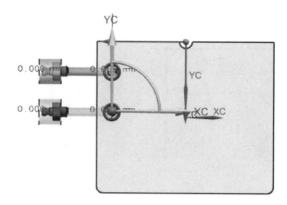

图 6 - 180　位置选择

12）单击"确定"按钮。

13）观察型腔侧的垂直水路，如图 6 - 181 所示。

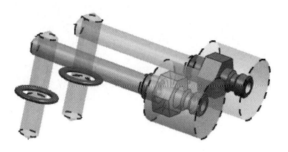

图 6 - 181　确认位置效果

14）单击"保存（【Ctrl】+【S】）"命令。

操作步骤 5：在型腔中添加环形水路。

1）仅显示 + Y 方向的一个型腔及已设计的水路，如图 6 - 182 所示。

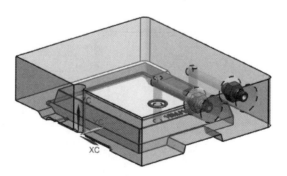

图 6 - 182　型腔显示

2）在"模具冷却工具"栏中单击"冷却标准件库"命令 🔲。

3）在"成员视图"中选择"COOLING HOLE"。

4）在"放置"中，"父"设置为"＊＊＊_ cool_ side_ a_ ＊＊＊"，"选择面或平面"为型腔的侧面，如图6－183所示。

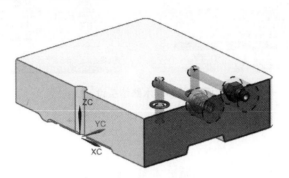

图6－183 选择型腔面

5）在"详细信息"中设置参数。

螺纹规格："PIPE_ THERAD ＝1/8"。

水路孔1深度："HOLE_ 1_ DEPTH ＝0"。

水路孔2深度："HOLE_ 1_ DEPTH ＝155"。

6）单击"应用"按钮，如图6－184所示。

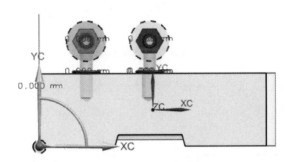

图6－184 水路参数设计

7）在"标准件位置""偏置"中，设置"X偏置"为"30""Y偏置"为"36"，单击"确定"按钮，如图6－185所示。

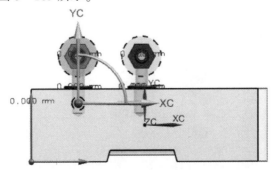

图6－185 水路位置设计

8）在"成员视图"中选择"PIPE PLUG（堵头）"，如图6－186所示。

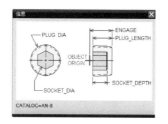

图 6-186　水路堵头设计 1

注意

此时刚添加的水路是高亮状态。如果不是，则先在"部件"中"选择标准件"为水路，使其高亮。

9）单击"应用"按钮，自动在水路中添加一个堵头，如图 6-187 所示。

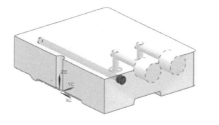

图 6-187　水路堵头设计 2

10）在"部件"中，"选择标准件"为上一条水路（含堵头），选择"添加实例"，如图 6-188 所示。

图 6-188　水路堵头设计 3

11）单击"应用"按钮，如图 6-189 所示。

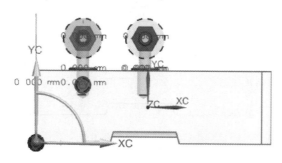

图 6-189　水路堵头设计 4

12）在"标准件位置""偏置"中，设置"X偏置"为"110""Y偏置"为"36"，单击"确定"按钮，如图6-190所示。

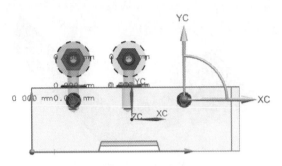

图6-190　水路堵头设计5

13）观察结果，如图6-191所示。

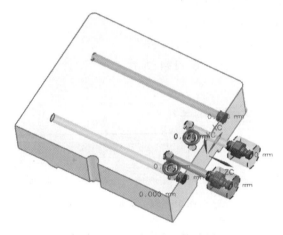

图6-191　水路堵头效果

14）在"部件"中，"选择标准件"为刚创建的水路（含堵头），选择"新建组件"，如图6-192所示。

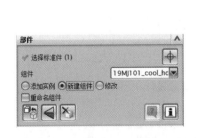
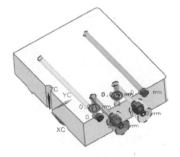

图6-192　部件选择

15）在"放置"中，"选择面或平面"为另一侧面，如图6-193所示。

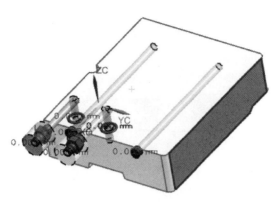

图 6 – 193　选择面

6）在"详细信息"中设置参数。

螺纹规格："PIPE_ THERAD = 1/8"。

水路孔 1 深度："HOLE_ 1_ DEPTH = 0"。

水路孔 2 深度："HOLE_ 1_ DEPTH = 86"。

17）单击"应用"按钮，如图 6 – 194 所示。

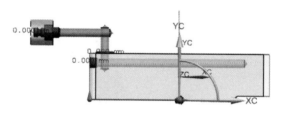

图 6 – 194　参数设计

18）在"标准件位置""偏置"中，设置"X 偏置"为"75""Y 偏置"为"36"，单击"确定"按钮，如图 6 – 195 所示。

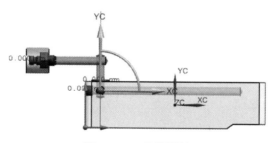

图 6 – 195　位置设计

19）在"成员视图"中选择"PIPE PLUG（堵头）"。

20）单击"应用"按钮，自动在水路中添加一个堵头，如图 6 – 196 所示。

21）在"部件"中，"选择标准件"为刚才创建的水路（含堵头），选择"新建组件"，如图 6 – 197 所示。

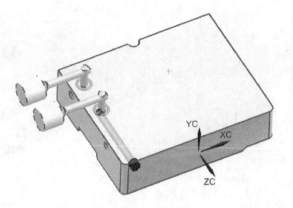

图 6 - 196 添加效果

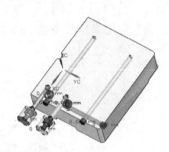

图 6 - 197 部件选择

22）在"详细信息"中设置参数。

螺纹规格："PIPE_ THERAD = 1/8"。

水路孔 1 深度："HOLE_ 1_ DEPTH = 0"。

水路孔 2 深度："HOLE_ 1_ DEPTH = 125"。

23）单击"应用"按钮，如图 6 - 198 所示。

24）在"标准件位置""偏置"中，设置"X 偏置"为"145""Y 偏置"为"36"，单击"确定"按钮，如图 6 - 199 所示。

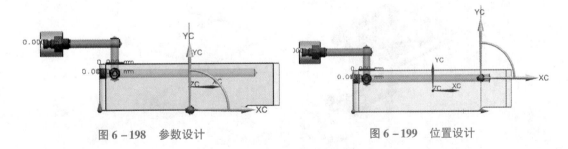

图 6 - 198 参数设计　　　　　　　　图 6 - 199 位置设计

25）在"成员视图"中选择"PIPE PLUG（堵头）"。

26）单击"应用"按钮，自动在水路中添加一个堵头，如图 6 - 200 所示。

27）在"冷却组件设计"对话框中单击"取消"。

28）观察水路，如图 6 - 201 所示。

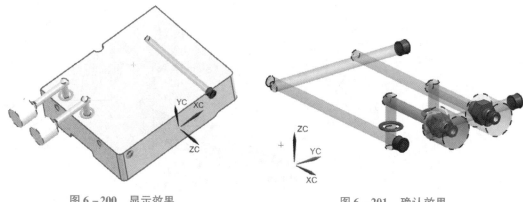

图6-200　显示效果　　　　　　　　图6-201　确认效果

29）单击"保存（【Ctrl】+【S】）"命令。

操作步骤6： 综合应用操作步骤1~5的方法，在-Y侧的型腔处添加相同的水路，如图6-202所示。

图6-202　水路图示1

操作步骤7： 综合应用操作步骤1~5的方法，在+Y侧型芯处添加冷却水路，如图6-203所示。

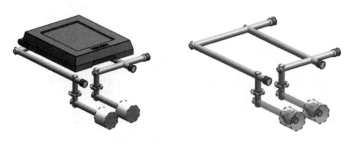

图6-203　水路图示2

提示：

1）水路从B板的+X方向侧面进、出。

2）水路由 B 板向上穿到型芯，接触面处要添加 O 形密封圈进行密封。

3）水路注意避开顶针、螺钉等 3 mm 及以上。

4）水路注意距离产品表面 10 mm。

操作步骤 8：综合应用步骤 1~5 的方法，在 -Y 侧型芯处添加冷却水路，如图 6 - 204 和图 6 - 205 所示。

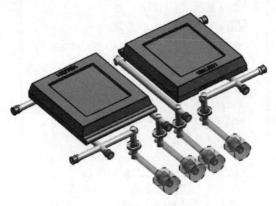

图 6 - 204　水路图示 3

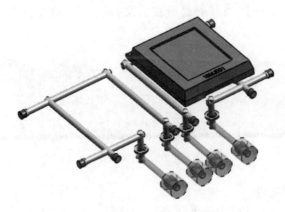

图 6 - 205　水路图示 4

操作步骤 9：创建新型腔部件，将两个型腔链接过来，合并后用水路求腔。

1）仅显示两个型腔部件，如图 6 - 206 所示。

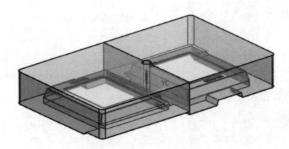

图 6 - 206　显示型腔

2）在"装配导航器"中，双击总装配"＊＊＊_ top_ ＊＊＊"，使之成为工作部件，如图 6－207 所示。

图 6－207　装配导航器

3）单击"新建组件"（菜单 → 装配 → 组件 → 新建组件）命令。

4）在"名称"中输入"19MJ＊＊＊_ Cavity"（"＊＊＊"表示学号后三位）。

5）在"文件夹"中选择当前项目所在的文件夹（注意：务必确认），如图 6－208 所示。

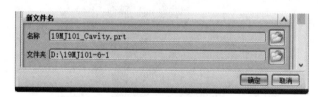

图 6－208　路径设定

6）单击"确定"按钮。

7）在"新建组件"对话框中单击"确定"按钮，如图 6－209 所示。

注意：此时在"装配导航器"中出现了组件"19MJ＊＊＊_ Cavity"。

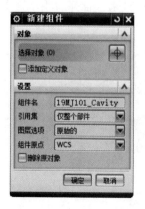

图 6－209　路径确定

8）在"装配导航器"中，双击新建的部件"＊＊＊_ Cavity"，使之成为工作部件，如图6－210所示。

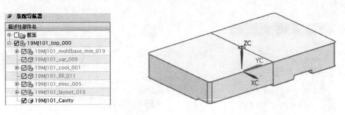

图6－210　设定工作部件

9）单击"WAVE几何链接器"（菜单 → 插入 → 关联复制 → WAVE几何链接器）命令。

10）"类型"设为"体"，"选择体"为两个型腔部件，"设置"为"关联""固定于当前时间戳记"，单击"确定"按钮，如图6－211所示。

图6－211　关连体

11）在"装配导航器"中，将原先的两个型腔"替换引用集"为"空"（切记：两个型腔），如图6－212所示。

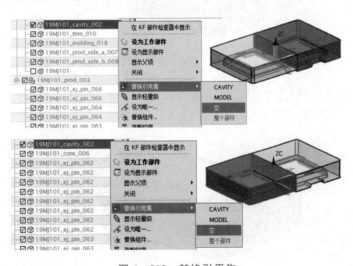

图6－212　替换引用集

12）单击"求和"（菜单 → 插入 → 组合 → 求和）命令。

13）在"目标"中选择一个型腔，"工具"中选择另一个型腔，单击"确定"按钮，如图 6-213 所示。

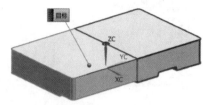

图 6-213　型腔求和

14）在"装配导航器"中双击总装配"＊＊＊_ top_ ＊＊＊"，使之成为工作部件。

15）在"装配导航器"中勾选水路子装配"＊＊＊_ cool_ ＊＊＊"，显示水路组件，如图 6-214 所示。

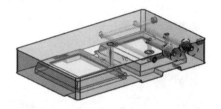

图 6-214　显示水路装配

16）单击"腔体"命令，使用水路组件对型腔进行求腔，如图 6-215 所示。

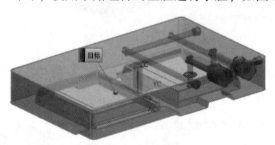

图 6-215　水路求腔

17）在"装配导航器"中勾选水路子装配"＊＊＊_ cool_ ＊＊＊"，将其隐藏，观察结果，如图 6-216 所示。

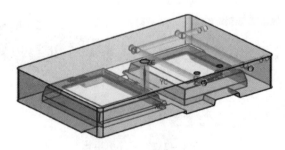

图 6-216　隐藏水路

操作步骤 10： 创建新型芯部件，将两个型芯链接过来，合并后用水路求腔。

1）型芯合并，仅显示两个型腔部件，如图 6 - 217 所示。

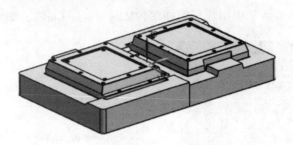

图 6 - 217　型芯合并

2）在"装配导航器"中双击总装配"＊＊＊_ top_ ＊＊＊"，使之成为工作部件，如图 6 - 218 所示。

图 6 - 218　设定工作部件

3）单击"新建组件"（菜单 → 装配 → 组件 → 新建组件）命令。

4）在"名称"中输入"19MJ＊＊＊_ Core"（"＊＊＊"表示学号后三位）。

5）在"文件夹"中选择当前项目所在的文件夹（注意：务必确认），如图 6 - 219 所示。

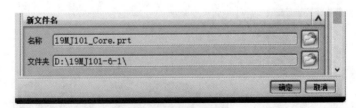

图 6 - 219　路径设定

6）单击"确定"按钮。

7）在"新建组件"对话框中单击"确定"按钮。

注意

此时在"装配导航器"中出现了组件"19MJ＊＊＊_ Core"，如图6-220所示。

图6-220 新建组件

8）在"装配导航器"中双击新建的部件"＊＊＊_ Core"，使之成为工作部件，如图6-221所示。

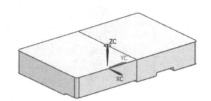

图6-221 设定工作部件

9）单击"WAVE几何链接器"（菜单→插入→关联复制→WAVE几何链接器）命令。

10）"类型"设为"体"，"选择体"为两个型芯部件，"设置"为"关联""固定于当前时间戳记"，单击"确定"按钮，如图6-222所示。

图6-222 设定几何连接器

11）在"装配导航器"中，将原先的两个型芯"替换引用集"为"空"（切记：两个型腔），如图 6 – 223 所示。

图 6 – 223　替换引用集

12）单击"求和"（菜单 → 插入 → 组合 → 求和）命令。

13）在"目标"中选择一个型芯，"工具"中选择另一个型芯，单击"确定"按钮，如图 6 – 224 所示。

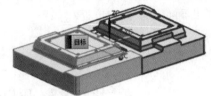

图 6 – 224　型芯求和

14）在"装配导航器"中双击总装配"＊＊＊_ top_ ＊＊＊"，使之成为工作部件。

15）在"装配导航器"中勾选水路子装配"＊＊＊_ cool_ ＊＊＊"，显示水路组件。

16）单击"腔体"命令，使用水路组件对型芯进行求腔。

17）在"装配导航器"中勾选水路子装配"＊＊＊_ cool_ ＊＊＊"，将其隐藏，观察结果。

操作步骤 11：使用水路对 A 板、B 板求腔。

1）在"装配导航器"中双击总装配"＊＊＊_ top_ ＊＊＊"，使之成为工作部件。

2）显示 A 板与水路，如图 6 – 225 所示。

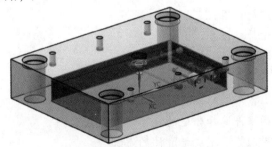

图 6 – 225　A 板部件

3）单击"腔体"命令，使用水路组件对 A 板进行求腔，如图 6 – 226 所示。

4）自行使用水路组件对 B 板进行求腔。

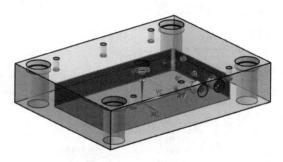

图 6 – 226 A 板求腔

学习反馈

1）是否能够描述阶梯式水路中水流过的路径？ □ 是 □ 否
2）是否能够正确选择水孔的直径？ □ 是 □ 否
3）是否能够正确布置水孔的位置？ □ 是 □ 否
4）是否能够调用堵头、水嘴等标准件？ □ 是 □ 否
5）是否理解 O 形密封圈的作用？ □ 是 □ 否

子任务 6.7 应用标准件

任务引入

在模具上添加相关标准件，方便模具加工、装配与调试。

任务目标

知识目标

1）了解螺栓的连接；
2）了解模板的强度；
3）了解模胚的导向定位；
4）掌握支撑柱的设计标准；
5）掌握锁模块的设计标准；
6）掌握吊环的设计标准。

技能目标

1）能够了解模具上常用的标准件；
2）能够为选用的标准件选择合适的规格与安装位置；
3）能够应用注塑模向导，完成标准件的添加。

素养目标

1）培养学生的设计创新能力；
2）培养学生设计严谨的工作风格；
3）培养学生安全吊模的意识。

2

任务描述

为模具选用合适的标准件，并完成标准件的添加。

任务实施

引导问题 1： 模具中常用的杯头内六角螺钉。

螺钉的作用主要是把两个工件连在一起，起紧固作用。螺钉在一般设备上都会用到，比如手机、电脑、汽车、自行车及各种机床、设备，几乎所有的机器上都要用到螺钉，对于一些常规螺钉，一般不用于模具上。模具上常用的是内六角螺钉，如图 6-227 所示。

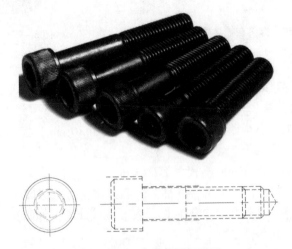

图 6-227　内六角螺钉图示

内六角螺钉主要用于模胚中各模板与模板、模板与模仁、镶件与模仁等之间的连接。螺纹的锁紧有效深度为螺纹直径的 2.5 倍以上，以确保两块模板之间的紧固，如图 6-228 和图 6-229 所示。

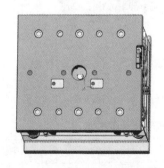

图 6-228　模板与模板的连接

图 6-229　模板与定位圈的连接

引导问题 2： 支撑柱（撑头）的主要作用。

撑头是模具的支撑类配件，主要是防止模具在射胶过程中产生变形。撑头是圆形类配件，一般使用 S50C 或 P20 材料，经过车床加工可完成，批量加工成本极低，对于没有车床或模具加工人员不足的模具企业，可直接购买撑头标准件，如图 6-230 和图 6-231 所示。

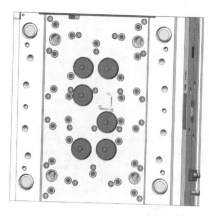

图6-230 撑头在模具中的安装示意

图6-231 撑头简图

支撑的设计原则：

1）撑头的位置尽量靠近模具中间，在顶针板强度足够的情况下，撑头应尽可能多地使用，并尽可能的大。

2）撑头之间的距离不小于35 mm，尽量不要大于80 mm，模板选材硬度高的话，距离可以相对加宽。

3）撑头直径不小于20 mm，不宜大于60 mm。

4）撑头的位置尽量在产品底部，才能真正起到成型时防涨模的作用。

引导问题3：吊环一般使用合金钢制作，表面镀锌处理，如图6-232所示。

图6-232 吊环简图

吊环孔的大小与模板或模胚的重量存在一定在关系，如表6-3所示。

表6-3 吊环孔与安全重量关系参考值

吊环规格	安全承重/kg	吊环规格	安全承重/kg
M12	180	M30	1 500
M16	480	M36	2 300
M20	630	M48	4 500
M24	930	M64	9 000

工作技能——应用标准件

操作步骤1：添加4个螺钉来固定型腔，如图6-233所示。

1）单击"标准件库"命令🔧。

2）在"文件夹视图"中选择"DME_MM"，在展开的列表中选择"Screw"。

3）在"成员视图"中选择"SHCS［Manual］"。

4）在"放置"中，"父"设置为"＊＊＊_misc_side_a_＊＊＊"，单击"选择面或平面"，选择型腔的顶面。

5）在"详细信息"中设置参数。

螺钉规格："SIZE=8"。

定位方式："ORIGIN_TYPE=3"。

螺钉长度："LENGTH=_____"。

放置模侧："SIZE=A"。

模板厚度："PLATE_HEIGHT=20"。

锁紧深度："ENGAGE_MIN=SCREW_DAI＊1.5＋1"。

6）单击"确定"按钮。

7）在弹出的"标准件位置"对话框中，设置"X偏置=____""Y偏置=____"。

8）单击"应用"按钮。

9）重复步骤7）~8），分别添加另外3个螺钉。

10）在弹出的"标准件位置"对话框中单击"取消"按钮。

11）单击"腔体"命令🔲，注意设置"工具类型"为"组件"，使用4个螺钉对A板、型腔求腔。

操作步骤2：运用操作步骤1的方法添加4个螺钉来固定型芯，如图6-234所示。

选择的螺钉长度为："LENGTH=_____"

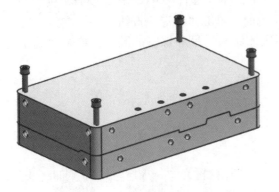

图6-233　型腔螺钉参数设计

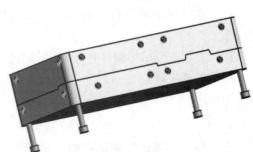

图6-234　型芯螺钉参数设计

操作步骤3：添加支撑柱（撑头）。

1）单击"标准件库"命令🔧。

2）在"文件夹视图"中选择"DME_MM"，在展开的列表中选择"Support Pillar"。

3）在"成员视图"中选择"Support Pillar（ST A, STB）"。

4）在"放置"中，"父"设置为"＊＊＊＿misc＿side＿b＿＊＊＊"。

5）在"详细信息"中设置参数。

类型："CATALOG = B"。

直径："SUPPORT＿ DIA = _____"。

长度："LENGTH = _____"。

6）单击"确定"按钮。

7）在弹出的"点"对话框中，逐个输入"XC""YC"，单击"确定"按钮。

8）使用所添加的支撑柱对顶针面板、顶针底板、模胚底板进行求腔。

9）单击"保存"命令。

添加了多少个支撑柱？ _____。

支撑柱是否与顶针、复位弹簧、限位块、垃圾钉等发生干涉？（□ 是　 □ 否）

操作步骤4：添加吊环螺钉。

1）单击"标准件库"命令 。

2）在"文件夹视图"中选择"MISUMI"，在展开的列表中选择"Mold Accessories"。

3）在"成员视图"中单击" "，选择"CHI（Lifting Eye Bolt）"。

4）在"放置"中，"父"设置为"＊＊＊＿misc＿side＿a＿＊＊＊"，单击"选择面或平面"，选择 A 板在 –Y 方向的侧面。

5）在"详细信息"中设置参数：

螺纹规格："M = _____"。

6）单击"应用"按钮。

7）在弹出的"标准件位置"对话框中，在"偏置"的"指定点"旁单击" "。

8）在弹出的"点"对话框中设置："类型"为"点在面上"；在"面"中选择 A 板在 –Y 方向的侧面；在"面上的位置"中"U 向参数 = 0.5""V 向参数 = 0.5"。

9）在重新弹出的"标准件位置"对话框中单击"确定"按钮。

10）在重新弹出的"标准件管理"对话框中，在"部件"中单击"添加实例"，在"放置"中"选择面或平面"为 A 板的另一个侧面，单击"确定"按钮。

11）在"标准件位置"对话框中，选择刚才添加的吊环螺钉的圆心，单击"确定"按钮。

12）使用 2 个吊环螺钉对 A 板进行求腔。

13）重复步骤 1）~12），为 B 板添加 2 个吊环螺钉。

提示：

在"标准件管理"对话框的"放置"中，"父"设置为"＊＊＊＿misc＿side＿b＿＊＊＊"。

操作步骤5：添加锁模块。

1）单击"标准件库"命令 。

2）在"文件夹视图"中选择"FUTABA＿ MM"，在展开的列表中选择"Strap"。

3）在"成员视图"中选择"M – OPA"。

4）在"放置"中，"父"设置为"＊＊＊＿misc＿＊＊＊"，单击"选择面或平面"，选择 A 板在 + X 侧的平面。

5）在"详细信息"中设置参数。

类型宽度："CATALOG_ WIDTH = _____"。

类型长度："CATALOG_ LENGTH = _____"。

6）单击"确定"按钮。

7）在弹出的"标准件位置"对话框中，将锁模块向 + X 方向移动_____，向 + Y 方向移动_____，单击"确定"按钮。

8）单击"标准件库"命令 ▥。

9）在"文件夹视图"中选择"DME_ MM"下的"Screws"。

10）在"成员视图"中选择"SHCS ［Manual］"。

11）在"放置"中，"父"设置为"＊＊＊_ misc_ ＊＊＊"，单击"选择面或平面"，选择锁模块的顶面。

12）在"详细信息"中设置参数。

螺钉规格："SIZE = _____"。

定位方式："ORIGIN_ TYPE = _____"。

螺钉长度："LENGTH = _____"。

13）单击"确定"按钮。

14）在弹出的"标准件位置"对话框中，分别选择锁模板上的两个圆孔边缘，添加 2 个螺钉。

15）使用 2 个螺钉分别对 A 板、B 板求腔。

16）重复步骤 8）～15），在模胚的对角侧添加另一个锁模板及 2 个螺钉。

操作步骤6：保存整个项目。

1）单击"全部显示（【Ctrl】+【Shift】+【U】）"命令。

2）单击"正三轴测图（Home）"命令。

3）单击"保存"命令。

操作步骤7：将整个项目文件提交给客户。

学习反馈

1）是否能够描述内六角螺钉的特点？　　　□ 是　　□ 否

2）是否能够正确选择撑头的位置？　　　□ 是　　□ 否

3）是否掌握撑头的设计规范？　　　□ 是　　□ 否

4）是否能够正确调用吊环螺钉？　　　□ 是　　□ 否

参 考 文 献

[1] 张维合. 塑料成型工艺与模具设计 [M]. 北京：化学工业出版社，2014.
[2] 李维. 模具设计师（注塑模）[M]. 北京：中国劳动社会保障出版社，2009.
[3] 孙文学. 塑料成型工艺与注塑模具设计 [M]. 北京：高等教育出版社，2015.
[4] 田书竹. 模具开发实用技术 [M]. 北京：化学工业出版社，2018.

图 5 - 23　设置区域颜色

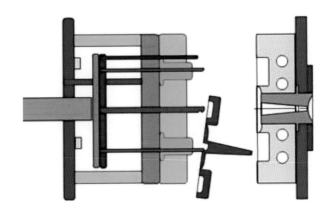

图 5 - 40　模具顶出动作

图 6 - 4　标示产品分型线

图 6 - 32　创建引导线 1